Osche   Evolution

studio visuell

Günther Osche

Evolution

Grundlagen – Erkenntnisse – Entwicklungen
der Abstammungslehre

Herder Freiburg · Basel · Wien

10. Auflage

Alle Rechte vorbehalten – Printed in Germany
© Verlag Herder Freiburg im Breisgau 1972
Herstellung: Freiburger Graphische Betriebe 1979
ISBN 3-451-16402-7

Inhalt

Vorwort

Im Jahre 1859, also vor wenig mehr als 110 Jahren, erschien
Darwins epochemachendes Werk „Über die Entstehung der
Arten durch natürliche Selektion" und brachte die Evolu-
tionstheorie, die Theorie von der stammesgeschichtlichen
Entwicklung der Lebewesen, zum Durchbruch. Sie fand von
Anfang an ob ihrer allgemeinen Bedeutung, auch über den
Kreis der Biologen hinaus, große Beachtung. Die erste Auflage von Darwins Buch war am ersten Tage verkauft, und drei
Auflagen folgten einander in der kurzen Spanne von einem
Vierteljahr. In den ersten Jahrzehnten und bis in unser Jahr-
hundert herein heiß umstritten, hat sich die Evolutionstheorie
inzwischen allgemein durchgesetzt und stellte heute die be-
deutendste und zentrale Theorie der Biologie dar. Auch das
allgemeine Interesse an ihr ist unvermindert groß geblieben,
zumal die gewaltigen Fortschritte der Biologie in den letzten
30 Jahren wesentlich zur weiteren Fundierung und zu ihrem
Ausbau beigetragen haben. Das vorliegende Buch macht den
Versuch, in allgemeinverständlicher Form den heutigen Stand
der Evolutionsforschung darzustellen. Dabei wurde besonderer Wert darauf gelegt, die Evolutionstheorie als eine Synthese von Erkenntnissen aus den verschiedenen Gebieten der
Biologie verständlich werden zu lassen, sie als Evolutions*biologie* darzustellen. Morphologie, Systematik und Paläontologie, Ökologie und Tiergeographie kommen daher ebenso
zu Wort wie Genetik und Physiologie; die vorgeführten Beispiele stammen ebenso aus dem Bereich der Zoologie wie aus
dem der Botanik, und auch der Mensch ist mehrfach einbezo-

7

gen. Eine kurze, leichtverständliche Darstellung wie diese muß notgedrungen eine Auswahl bieten, kann vieles nur andeuten und muß auf manches ganz verzichten. Dennoch habe ich mich bemüht, alle wesentlichen Gesichtspunkte wenigstens kurz anzusprechen, um so auch dem Lehrer und dem Biologiestudenten eine Einführung in dieses komplexe Gebiet zu geben und die wichtigsten Begriffe „nachschlagbar" zu machen.

Möge der Leser bei all der Fülle an Fakten und Begriffen, mit denen er sich konfrontiert fühlt, doch auch ein wenig von der Freude empfinden, die der Verfasser daran hat, über Probleme der Evolutionsforschung zu diskutieren.

Freiburg, im Sommer 1972   Günther Osche

Aussagen und Aufgaben der Evolutionsforschung

Das Leben tritt auf der Erde in einer ungeheuren Mannigfaltigkeit auf. Über 1,5 Millionen Tierarten und fast 400 000 Pflanzenarten sind beschrieben, und auch heute noch werden nahezu täglich neue Arten (vor allem aus dem Bereich der kleineren Gliederfüßer, z. B. Insekten und Milben, und anderer Kleinorganismen, wie Nematoden und Protozoen) entdeckt. Der schwedische Naturforscher *Carl v. Linné,* der von 1739 an den Versuch unternommen hat, die Pflanzen- und Tierarten der Erde zu erfassen, führte in seiner „Systema naturae" insgesamt nur 4235 Tierarten und etwa 14 000 Gefäßpflanzen, woraus zu ersehen ist, welche immense Arbeit die Systematiker in den letzten 200 Jahren geleistet haben.

Nach der Aussage der *Deszendenztheorie (Abstammungslehre, Evolutionstheorie)* ist diese Mannigfaltigkeit das Produkt eines historischen, in den Hunderten von Jahrmillionen der Erdgeschichte vollzogenen Entwicklungsprozesses. Alle lebenden Organismen sind die derzeitigen Endglieder dieses Prozesses und stehen untereinander in einem realhistorischen Verwandtschaftsverhältnis. Letztlich müssen sich demnach alle Lebewesen, die Pflanzen, die Tiere und der Mensch, auf *gemeinsame* Formen ursprünglichster Lebewesen zurückführen lassen.

Die ursprünglichsten unter den heute existierenden Lebewesen sind die Blaualgen (Cyanophyceen) und Bakterien, Gruppen, denen noch ein typischer Zellkern, typische Mitochondrien und andere membranumgrenzte Organellen fehlen und die wir daher als *Prokaryonten* bezeichnen. Wir kennen sie fossil aus präkambrischen Gesteinen Afrikas, die über 3 Milliarden Jahre alt sind. Die ältesten *Eukaryonten* (mit Zellkern, typischer Zellbau) sind grünalgenartige Einzeller, die fossil in etwa 1,2–1,4 Milliarden Jahre alten Gesteinen Kaliforniens erhalten sind. An der Basis sowohl des Pflanzen- als auch des Tierreiches stehen geißeltragende Einzeller, die wir als *Flagellaten* bezeichnen. Unabhängig voneinander haben diese die Organisationsstufe der mehrzelligen Pflanzen und Tiere erreicht. Ausgehend von gemeinsamen Ahnen, muß es demnach im Verlauf der Stammesgeschichte (Phylogenese) der Organismen zu einer Transformation von deren Gestalt, Funktion und Lebensweise, und das heißt zur Bildung neuer Arten und Organisationstypen,

Carl von Linné
Schwedischer Naturforscher, 1707–78; Mitarbeiter von Celsius, Arzt in Stockholm und Uppsala und Mit-Begründer der Schwedischen Akademie der Wissenschaften (1. Präsident). Führte die binäre Nomenklatur ein. Bedeutendster Systematiker seiner Zeit, faßte nach Blütenmerkmalen alle bekannten Pflanzenformen in ein künstliches Ordnungssystem zusammen und schuf auch für Tiere und Mineralien übersichtliche Systeme. Ging von der zu seiner Zeit wissenschaftlich anerkannten Theorie der Konstanz der vor langer Zeit einmalig geschaffenen Art aus.

Prokaryonten als älteste Lebewesen über 3 Milliarden Jahre alt

Phylogenese

9

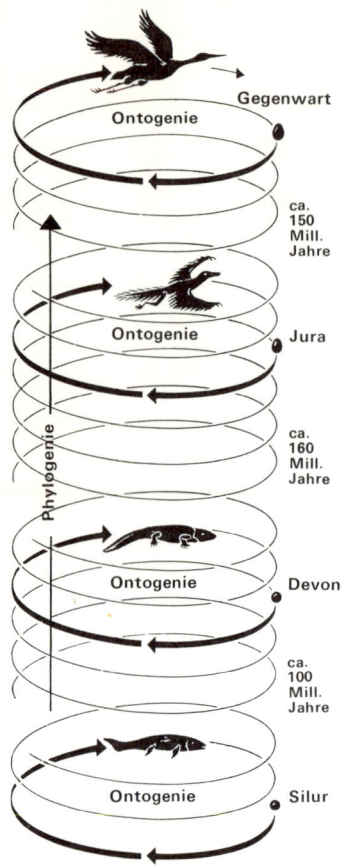

Gegenwart

Ontogenie

ca.
150
Mill.
Jahre

Ontogenie

Jura

ca.
160
Mill.
Jahre

Ontogenie

Devon

ca.
100
Mill.
Jahre

Ontogenie

Silur

Phylogenie

Hologeniespirale
Die *Hologeniespirale* nach
Zimmermann zeigt, daß die
stammesgeschichtliche
Entwicklung in der Gene-
rationenfolge über zahl-
reiche Keimesentwicklun-
gen (Ontogenien) verläuft.
Durch Erbänderungen, die
sich in den jeweiligen Ontogenien realisieren, kommt
es in den Jahrmillionen der
Erdgeschichte zu entspre-
chenden Änderungen der
Organisationstypen der
Organismen, das heißt also
zur Phylogenie.

**Aktualitätsprinzip,
Aktualismus,** begründet
von K. A. von Hoff (1771 bis
1837) und Ch. Lyell (1797
bis 1875)

gekommen sein. Diesen Prozeß, der im Hinblick auf die Eigenschaften dazu führt, daß im Laufe der Generationenfolge
die Nachfahren einer Tierart „andersartig" werden im Vergleich zu ihren Vorfahren, nennen wir *Evolution.*

Aufgabe der Evolutionsforschung war und ist:
1. allgemein Beweise für die Umwandlung der Arten und für
   deren „Höherentwicklung" *(Anagenese)* in der Erdgeschichte zu erbringen;
2. im speziellen Fall den jeweils spezifischen Ablauf der
   stammesgeschichtlichen (phylogenetischen) Entwicklung
   einer bestimmten Organismengruppe (z. B. der Farne, der
   Knochenfische, der Huftiere oder des Menschen) zu erfassen. Das führt letztlich zur Erstellung von *Stammbäu-
   men,* welche die natürlichen Verwandtschaftsbeziehungen
   der betreffenden Arten und Gruppen zueinander darstellen und damit auch Grundlage für das natürliche System
   der Organismen bilden;
3. die Ursachen des Evolutionsgeschehens, d. h. die eine
   Evolution bewirkenden und ermöglichenden Faktoren
   (Evolutionsfaktoren), zu ergründen *(kausale Evolutionsforschung).* Die kausale Evolutionsforschung versucht somit, die Entstehung der Mannigfaltigkeit der Organismen
   mit ihren jeweils spezifischen Eigenschaften zu erklären.

Da es die Evolutionsforschung mit einem historischen Prozeß
zu tun hat, arbeitet sie in weiten Bereichen mehr mit dem
Dokument als mit dem Experiment, wobei als Dokumente
für den Ablauf einer Stammesgeschichte nicht nur fossile
Formen von Organismen gelten, sondern auch alle lebenden,
die in Gestalt und Lebensweise viele „historische Reste" aufweisen (s. unten). Die kausale Evolutionsforschung dagegen
untersucht die heute analysierbaren Faktoren, die eine Evolution (wenn auch in einem verfolgbaren Zeitraum notgedrungen nur im kleinsten Umfang) bewirken können, und
geht davon aus, daß diese Faktoren (z. B. Erbänderungen,
Mutationen oder die Auslese) in der Vergangenheit in prinzi-
piell gleicher Weise gewirkt haben wie heute. Sie folgt damit
dem auch in der Geologie außerordentlich fruchtbaren *Aktualitätsprinzip,* das davon ausgeht, daß „die Gegenwart den
Schlüssel zur Vergangenheit" liefert.
Die Organismen sind mit der ganzen Fülle ihrer Eigenschaften, sei es die Gestalt, die Lebensweise, das Verhalten, die
geographische Verbreitung, der Stoffwechsel oder was im-

mer, historisch geworden. Jede biologische Disziplin, ob Morphologie, Physiologie, Ethologie, Genetik, Ökologie oder Tiergeographie, hat daher historische und damit phylogenetische Aspekte. Jede biologische Disziplin liefert somit auch Beiträge zu dem zentralen Problem der Evolutionsforschung, die in einer *synthetischen Evolutionstheorie* zu verarbeiten sind. In einer Zeit der Differenzierung und Spezialisierung der Wissenschaften kann nicht hoch genug gewertet werden, daß die Biologie in der Evolutionsforschung vor eine zentrale Aufgabe gestellt ist, die zur Synthese zwingt und dadurch mithilft, Brücken zwischen den einzelnen biologischen Disziplinen zu schlagen.

Während *Carl v. Linné* noch die Arten für unwandelbar hielt und davon ausging, daß für alle Zeiten so viele Arten existieren, wie von Anbeginn der Schöpfung geschaffen worden sind, ist es das Verdienst von *Jean-Baptiste de Lamarck* (1809) Lamarckismus, Seite 31 und vor allem von *Charles Darwin* (1859), die Existenz einer Darwinismus, Seite 33 Evolution durch die Erarbeitung eines umfangreichen Tatsachen- und damit Beweismaterials nachgewiesen zu haben. An der Tatsache, daß eine Evolution stattgefunden hat, bestehen daher im Kreise der Biologen nicht mehr die geringsten Zweifel. Nicht die Frage, *ob* es Evolution gibt, sondern *wie* sie im einzelnen verlief und welche Faktoren ihr zugrunde lagen und liegen, ist daher heute Gegenstand der Evolutionsforschung.

Beweise für die Deszendenztheorie

Zeugnisse der Homologienforschung

Die Mannigfaltigkeit der Organismen besteht nicht aus einer wahllosen Kombination unterschiedlicher Eigenschaften, sondern ist in *Typen* gegliedert, an denen schon bei naiver Typus Betrachtung einander im Grundbau und in der Lage entsprechende Organe und Strukturen zu erkennen sind. So kann man etwa an einem Wirbeltier trotz verschiedener Ausformung bei den einzelnen Gruppen und Arten die Augen, die Wirbelsäule, die Extremitäten und die Zähne als einem gemeinsamen *Bauplan* angehörig erkennen und somit eine Bauplan, Seite 15 „Formverwandtschaft" zwischen diesen Organen nachweisen. Solche einander im Bau und in der Lage im Gefügesystem

11

FUNKTIONSWECHSEL UND HOMOLOGIE BEI TIEREN

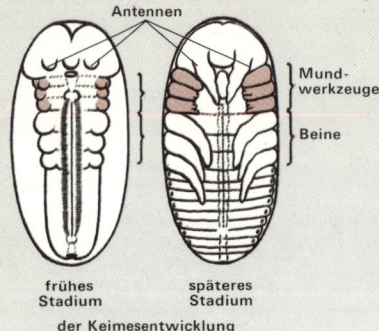

Antennen

Mundwerkzeuge

Beine

frühes Stadium

späteres Stadium

der Keimesentwicklung eines Insekts

Heuschrecke

Antenne

Im Laufe der Phylogenese haben bestimmte Organe neue Funktionen übernommen (Funktionswechsel) und in Anpassung an diese gestaltliche Veränderungen erfahren. Dennoch läßt sich durch Vergleich ihre gemeinsame Herkunft ermitteln (Homologie).

Die *Mundwerkzeuge* der *Insekten* (Abb. links und unten) sind durch Funktionswechsel aus Extremitäten hervorgegangen. Mundwerkzeuge und Extremitäten entstehen daher beim Insektenembryo in gleicher segmentaler Anordnung zunächst als einfache Höcker. Erst in einem späteren Stadium läßt sich die unterschiedliche Ausbildung erkennen: beißende Mundwerkzeuge bei der *Heuschrecke*, stechend-saugende bei der *Stechmücke* und saugende bei der *Honigbiene*.

Die gleichen Verhältnisse wie bei dem Funktionswechsel der Mundwerkzeuge der Insekten und der Homologie der Vordergliedmaßen der Wirbeltiere liegen bei den *Antennen* der *Insekten* vor. Der Grundtyp ist die gerade, borstenförmige Antenne, die in ihrer äußeren Form abgewandelt werden und mit zahlreichen Sinneszellen (z. B. Tast-, Temperatur- und Geruchswerkzeugen) besetzt und sowohl Träger von Nah- als auch von Fernsinnen sein kann. Bei der *Honigbiene* dient der Temperatursinn der Antenne genauso wie der Geruchssinn als Nahorientierungshilfsmittel; bei manchen *Schmetterlingen* und *Käfern* ist der Geruchssinn dagegen ein Fernorientierungsmittel: die effektive Oberfläche der Antenne ist durch Auffächerung vergrößert, so daß der vom Weibchen produzierte Duftstoff von den Duftrezeptoren der Antenne des Männchens erfaßt wird, wenn er durch den Wind dorthin getragen wird.

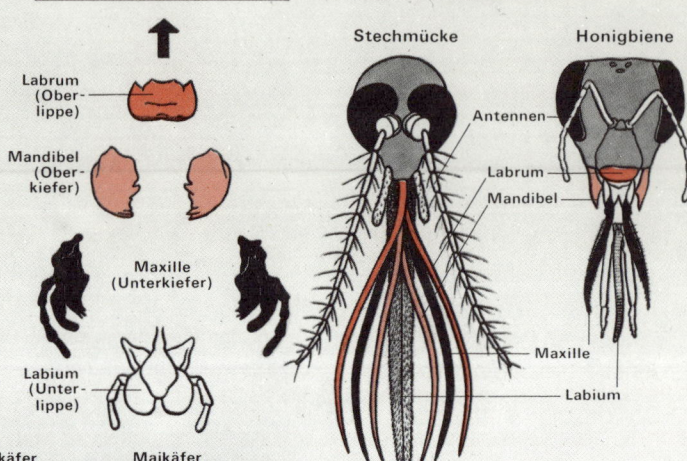

Labrum (Oberlippe)

Mandibel (Oberkiefer)

Maxille (Unterkiefer)

Labium (Unterlippe)

Stechmücke

Honigbiene

Antennen

Labrum

Mandibel

Maxille

Labium

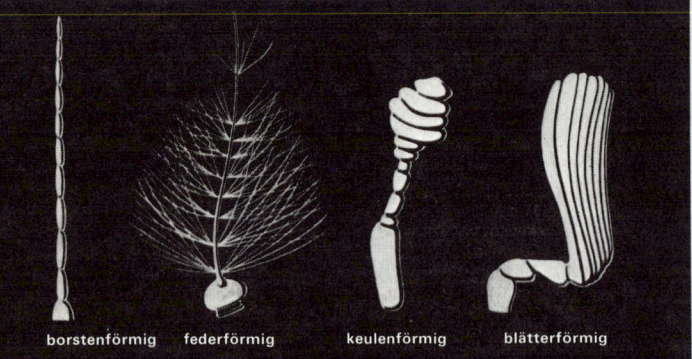

Laufkäfer — borstenförmig

Stechmücke — federförmig

Aaskäfer — keulenförmig

Maikäfer — blätterförmig

Homologie der vorderen Gliedmaßen bei *Wirbeltieren*. Auffällig ist die unterschiedliche Form der einzelnen Knochen (Oberarmknochen, Speiche und Elle, Handwurzelknochen, Mittelhandknochen und Finger) in Anpassung an die Funktion, jedoch die Beibehaltung der Lage im Gefügesystem, die eine eindeutige Homologisierung ermöglicht.

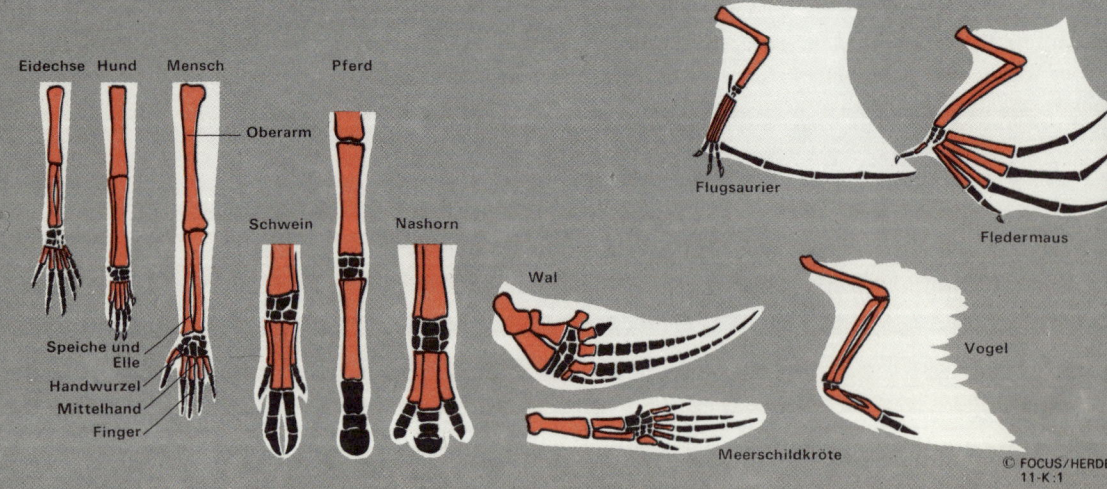

Eidechse Hund Mensch Pferd

Oberarm

Schwein Nashorn

Speiche und Elle

Handwurzel

Mittelhand

Finger

Wal

Meerschildkröte

Flugsaurier

Fledermaus

Vogel

eines Organismus entsprechenden Organe oder Strukturen bezeichnet man als *homolog;* die *Homologienforschung* arbeitet daher mit den Methoden des wissenschaftlichen Vergleichs. Ihre für die Evolutionsforschung wichtige Aufgabe besteht darin, die Eigenschaften von Organismen in all ihren Wandlungen und Differenzierungen als *Einheit* zu erfassen oder, mit anderen Worten, das wesentlich Gemeinsame in der Mannigfaltigkeit der verglichenen Organismen zu erfassen. Da wegen der im Laufe der Evolution stattfindenden Transformationen von Organen homologe Organe durchaus unähnlich werden können, bedarf es besonderer Kriterien, um Homologien festzustellen. Als solche *Homologiekriterien* gelten:

Homologie

1. *Das Kriterium der Lage:* Organe sind homolog, wenn sie die gleiche Lage in einem vergleichbaren Gefügesystem einnehmen, also *homotop* sind. Auf diese Weise lassen sich z. B., trotz unterschiedlicher Form, die einzelnen Knochen eines Vogelflügels mit denen der Vorderextremität etwa eines Säugetieres (und damit auch die ganzen Extremitäten) homologisieren. Bei beiden findet sich ein entsprechendes Lagegefüge, mit Oberarmknochen, Elle und Speiche, Handwurzelknochen, Mittelhandknochen usw., so daß ein einzelner Knochen, etwa die Elle, aufgrund seiner Lage „identifizierbar" ist. Das gleiche läßt sich aufzeigen für die z. T. außerordentlich unterschiedlich gestalteten (also unähnlichen) Mundwerkzeuge verschiedener Insekten, die ebenfalls auf Grund ihres Lagebezuges – nacheinander Mandibel, Maxille, Unterlippe – und der Art der Innervierung vom Unterschlundganglion her, eindeutig homologisierbar sind. Entsprechendes gilt für die Sproßdornen und Phyllokladien bei Pflanzen, die eben wie Sprosse, denen sie homolog sind, in der Achsel von Tragblättern entspringen.

Die 3 Homologiekriterien:
1) Kriterium der Lage
2) Kriterium der Kontinuität
3) Kriterium der spezifischen Qualität

Sproßdornen, Abb. Seite 52

2. *Das Kriterium der Kontinuität oder Stetigkeit:* Selbst unähnliche und auch verschieden gelagerte (heterotope) Organe sind einander homolog, wenn sie sich durch eine Reihe von „Zwischenformen" miteinander verbinden lassen, die je untereinander, gewissermaßen „Schritt für Schritt", homologisierbar sind.

Solche „Zwischenformen" können dabei

a) in der Embryonalentwicklung durchlaufen werden. So werden auch die Mundwerkzeuge der Insekten, wie die Extremitäten, segmental als gegliederte Anhänge in serialer Anordnung beim Embryo angelegt und geben sich dadurch als

13

abgewandelte Extremitäten (also Homologa der Beine) zu erkennen. Entsprechendes gilt für das Mittelohr und die Gehörknöchelchen der Landwirbeltiere, die sich als abgeleitete Teile des Kiemenapparates erweisen, der in der Embryonalentwicklung angelegt wird und dessen Umwandlung in die genannten Strukturen in der Keimesentwicklung verfolgbar ist.

Zeugnisse der Keimes-
entwicklung, Seite 27;
Abb. Seite 29

Zwischenformen,
Abb. Seite 26

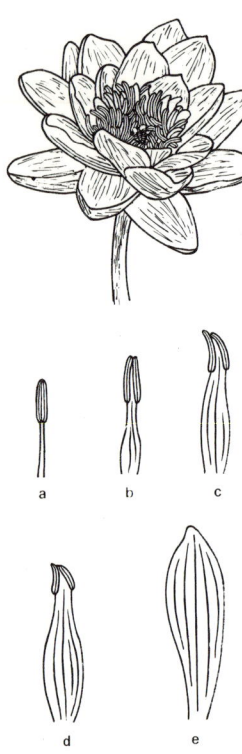

Die **Seerose** *(Nymphaea
alba)* zeigt den Übergang
von Staubblättern zu Blü-
tenblättern durch Verbreite-
rung der Filamente.

Umwandlung von Staub- in
Blütenblätter bei gefüllten
Blüten, Abb. Seite 49

b) Die „Zwischenformen" können von verwandten, lebenden oder fossilen Formen geliefert werden. Die Deutung stummelförmiger Anhänge bei manchen beinlosen Echsen als Reste von Extremitäten ergibt sich nicht nur aus deren Lage (Kriterium 1), sondern auch aus der Tatsache, daß nächstverwandte Arten verschiedene Stufen der Rückbildung und damit „Zwischenformen" erkennen lassen. Dasselbe gilt für fossile Zwischenformen (die Griffelbeine der Pferde als Homologa seitlicher Zehenstrahlen und die an den Fossilien verfolgbare Reduktion derselben).

c) Bei wiederholt am gleichen Individuum auftretenden Organen können diese auch hier different und durch „Zwischenformen" verbunden sein. So läßt sich bei der *Nießwurz (Helleborus)* ein gleitender Übergang von Laubblättern zu den Kelchblättern der Blüte aufzeigen, und in der Blüte der *Seerose (Nymphaea alba)* läßt sich von außen zum Zentrum verfolgen, wie Blütenblätter in Staubblätter übergehen. Damit ist die Homologie all dieser Strukturen als „modifizierte" Blätter aufgezeigt. Das zeigt sich u. a. auch darin, daß mutativ Staubblätter in Blütenblätter umgewandelt werden können, wie das bei gefüllten Blüten der Fall ist. Letzteres demonstriert, daß auch Mutanten gewissermaßen eine „Zurückführung" eines Organs in eine ursprünglichere Situation bewirken können, was ebenfalls zur Absicherung von Homologien genutzt werden kann. Bei der Fliege *Drosophila* kennt man z. B. eine Mutation *tetraptera,* die zur Umbildung der Schwingkölbchen (Halteren) in Hinterflügel führt und dadurch deren Homologie festlegt. Diese wird dann noch dadurch abgesichert, daß auch die Kriterien des Lagebezugs zum selben Ergebnis führen und daß fossil aus dem Perm Formen bekannt sind *(Permotipula),* die in dieselbe Ordnung *(Diptera)* gehören, aber noch wohlentwickelte Hinterflügel aufweisen.

3. *Das Kriterium der spezifischen Qualität:* Komplexe, aus zahlreichen Einzelelementen aufgebaute Strukturen sind unabhängig von ihrer Lage, die in der Evolution verändert wor-

den sein kann, *homolog,* wenn sie in zahlreichen Charakteren übereinstimmen, also gleich gebaut, *homomorph* sind. Dank dieser selbstverständlichen Tatsache ist es möglich, z. T. auch isolierte Organe zu identifizieren und zu homologisieren, also einen Eckzahn eines Tigers oder einen Stoßzahn eines Elefanten als Wirbeltierzahn zu erkennen. Die Homologisierbarkeit isolierter Organe spielt für die Paläontologie eine große Rolle.

Homomorphie

Die Gesamtheit der homologen Organe einer Gruppe von Organismen (z. B. der Wirbeltiere) ergibt den gemeinsamen *Bauplan* dieser Gruppe. Schon lange vor der Erkenntnis der Evolution der Organismen sind solche gemeinsamen Baupläne, z. B. für die Wirbeltiere, die Insekten und die Weichtiere, erkannt worden und haben die Grundlage für ein „natürliches" System der Organismen abgegeben. Die unterschiedlichen Einzelformen (bestimmte Ordnungen oder Familien oder Arten) innerhalb eines solchen Bauplans, z. B. der Insekten, wurden als „Ausführungsvarianten" eines „Grundplans" oder eine „Idee" im Sinne Platos, also metaphysisch, verstanden, weshalb man diese Betrachtungsweise als *idealistische Morphologie* bezeichnet hat. Erst die Evolutionsforschung machte diese reine *Formverwandtschaft* einer naturwissenschaftlichen Erklärung zugänglich. Die Formverwandtschaft bestimmter Organismen beruht danach auf der *genealogischen Abstammungsverwandtschaft* dieser Organismen. *Homologe Organe und Strukturen sind demnach solche, die auf ein Organ oder eine Struktur eines gemeinsamen stammesgeschichtlichen Vorfahren dieser Organismen zurückführbar sind.*

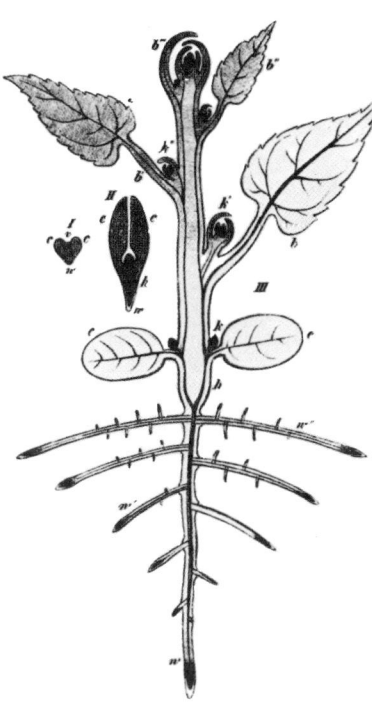

Ein Schema der „**Ursproßpflanze**" mit den Grundelementen Wurzel, Sproß und Blätter, den „**Typus**" dieser Pflanzengruppe darstellend

HOMOLOGIEBEISPIELE AUS VERGLEICHENDER ANATOMIE UND MORPHOLOGIE. Die unterschiedlichen Ausformungen homologer Strukturen sind durch *Differenzierung* der gemeinsamen Ausgangsform im Laufe der Evolution der Organismen entstanden. Diese Differenzierung ist abhängig von der Übernahme unterschiedlicher Funktionen im Laufe der Evolution, ein Prozeß, der in der phylogenetischen Entwicklung der Organismen von großer Bedeutung ist und als *Funktionswechsel* bezeichnet wird. So sind z. B. die Vorderextremitäten der *Wirbeltiere* als Flossen (bei den Fischen), Laufbeine, Grabwerkzeuge (Maulwurf) und Flügel (bei den Vögeln) in verschiedener Funktion tätig und in Anpassung an diese Funktionen entsprechend differenziert. Dennoch

Funktionswechsel, Abb. Seite 12

15

weist ihr Skelett eine im wesentlichen allen gemeinsame Anordnung der Skelettelemente auf, welche die Homologie der Elemente und damit auch die Homologie der Extremitäten zu erkennen gestattet.

Homologie der Mundwerkzeuge der Insekten, Abb. Seite 12

Entsprechendes gilt auch für die Homologie der unterschiedlich gestalteten Mundwerkzeuge der *Insekten.*

Bei den *Blütenpflanzen* lassen sich die zahlreichen verschiedenen Strukturen auf einige wenige Grundelemente, nämlich Wurzel und Sproß mit Blättern, zurückführen. Auch hier ist durch Funktionswechsel eine Differenzierung bestimmter Grundstrukturen erfolgt, die man als deren *Metamorphosen*

Differenzierung homonomer Organe

Mehrfach am gleichen Individuum vorkommende gleichartige Organe (hier Vorder- und Hinterflügel) heißen homonome Organe. Die Libelle zeigt innerhalb der geflügelten Insekten die ursprüngliche Situation: Vorder- und Hinterflügel weitgehend gleich. Bei den Käfern sind die Vorderflügel zu harten Flügeldecken umgestaltet; die Hinterflügel sind häutig und werden beim Flug eingesetzt. Bei vielen Nachtschmetterlingen sind die Vorderflügel meist unscheinbar (Tarnung) gezeichnet, sie liegen über oft auffallend gemusterten Hinterflügeln. Bei den Zweiflüglern ist nur das vordere Flügelpaar erhalten, das hintere ist zu Halteren umgestaltet, die als Gleichgewichtssinnesorgane dienen.

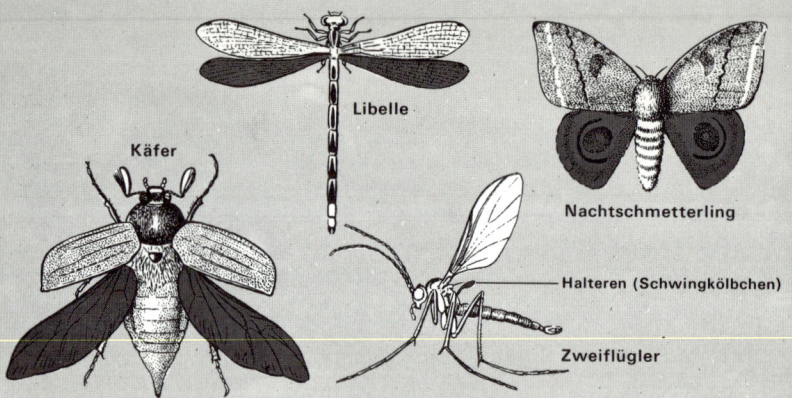

Libelle

Käfer

Nachtschmetterling

Halteren (Schwingkölbchen)

Zweiflügler

Blütenblatt, Abb. Seite 14

bezeichnet hat. So kann die Grundstruktur des Blatts z.B. als *Laubblatt* (im Dienste der Photosynthese), als *Blütenblatt* (z.B. Schauapparat zur Anlockung von Insekten als Bestäuber), als *Staubblatt* (liefert Pollen), als *Blattranke* (Klammerorgan), als *Blattdorn* usw. entwickelt sein. Solche Strukturen

Blattranken und Dornen, Abb. Seite 52

sind dann durchaus unähnlich, verschieden gestaltet *(heteromorph);* jedoch läßt sich z.B. aufgrund der gleichen Lage im Gefügesystem die Homologie dieser Organe nachweisen.

Auch mehrfach in einem Organismus vertreten, z.B. in Serie entlang der Längsachse angeordnete Organe können dieselbe Grundorganisation aufweisen, also einander „homolog"

homonome Organe

sein: man spricht dann besser von *homonomen Organen.* Vorder- und Hinterextremität und die Wirbel der Wirbelsäule bei den Wirbeltieren, sowie die Vorder- und Hinterflügel der Insekten sind Beispiele für solche homonomen Organe. Auch sie können durch Funktionswechsel heteromorph gestaltet sein. Hals-, Brust- und Lendenwirbel eines Säuge-

16

tiers z. B. sind sehr verschieden gestaltet, während die Wirbel der Fische weitgehend homomorph ausgebildet sind.

Alle bislang diskutierten Beispiele für Homologien sind aus dem Bereich der vergleichenden Anatomie bzw. Morphologie gewählt, beziehen sich also auf Organe. Neben diesem klassischen Bereich der Homologienforschung läßt sich auf gleiche Weise Homologie jedoch auch für andere Eigenschaften der Organismen nachweisen.

HOMOLOGIE VON VERHALTENSWEISEN. Angeborene Verhaltensweisen *(Instinkte)* von Tieren, z. B. Balzhandlungen von Vögeln und Fischen, Bau von Nestern bei Vögeln oder Netzen bei Spinnen, bestimmte Schlafstellungen, Kampfverhalten usw., laufen bei derselben Art oft in weitgehend gleicher, erblich festgelegter Weise ab, sind also gewissermaßen fixierte *Zeitstrukturen.* Auch sie sind der Methode des wissenschaftlichen Vergleichs zugänglich, wobei Homologien in einzelnen Komponenten nachweisbar sind. Auch charakteristische und angeborene Lautäußerungen von Tieren (z. B. Grillen, Heuschrecken und Vögel) können in einem Klangspektrogramm aufgezeichnet und entsprechend verglichen werden und lassen dabei homologe Elemente erkennen. Für die vergleichende Verhaltensforschung ist der Nachweis solcher Homologien ein wichtiger Forschungsgegenstand.

Bestimmte Verhaltensweisen sind vielfach (wie bestimmte Organe) einer größeren Gruppe verwandter Arten gemeinsam, wie etwa homologe Komponenten in der Balz von Schwimmenten, oder das erregte Knicksen der Drosselvögel (Rotschwänze, Steinschmätzer, Braunkehlchen u. a.) und die typische „Sphinxstellung" der Schwärmerraupen, die dieser Schmetterlingsgruppe den Namen *Sphingidae* eingebracht hat.

Die HOMOLOGISIERUNG VON VERHALTENSWEISEN ermöglicht es weiterhin, die Ableitung bestimmter Verhaltensweisen voneinander (durch Funktionswechsel) aufzuzeigen. So läßt sich dabei erkennen, daß z. B. in der Balz der Schwimmenten Komponenten des Gefiederputzens „ritualisiert" vertreten sind. Entsprechende vergleichende Untersuchungen legen es auch nahe, daß der Kuß als in den verschiedensten Kulturen verbreitete und der Partnerbindung dienende Verhaltensweise des Menschen von einer Mund-zu-Mund-Fütterung abzuleiten ist und somit ähnlich dem (ebenso ableitba-

Das Scheinputzen. Die Formenreihe unten zeigt die Entwicklung einer Balzbewegung (Auslöser) aus dem Übersprungputzen, das z. B. im Konflikt zwischen sexuellen und aggressiven Tendenzen auftritt.

Der *Branderpel* bearbeitet beim Übersprungputzen das gesamte Gefieder.

Der *Stockerpel* streicht nach Heben des dem Weibchen zugewandten Flügels mit dem Schnabel über die Flügelinnenseite (Scheinputzen bereits Balzbewegung).

Beim *Knäckerpel* erfolgt Putzbewegung an Flügelaußenseite.

Der *Mandarinerpel* berührt nur noch eine orangefarbene Feder.

KUSSVERHALTEN

Beobachtet man Menschen im Kontakt miteinander, fallen oft erstaunliche Parallelen zum Verhalten von Tieren in gleichen Situationen auf. Sie helfen uns, das menschliche Verhalten zu interpretieren.

Der Kuß. Er steht im Dienste der Partnerbindung. Es handelt sich dabei sehr wahrscheinlich um ein *Brutpflegeverhalten*, das in etwas veränderter Form in den neuen Funktionskreis eingegangen ist.
Das »Schnäbeln« der Partner (oben rechts) eines *Kolkrabenpaares* erinnert an die Bewegung, mit der die Eltern ihre Jungen füttern (oben links), bei *Schimpansen* (links) und *Menschen* (Papuamutter mit Kind) wird das Kind gelegentlich von Mund zu Mund gefüttert. Auch bei Schimpansen gehört der dem Füttern ähnliche »Kuß« zum Begrüßungsverhalten.

Die **Drohmimik** des Menschen entblößt die Eckzähne, die bei den Affen vielfach als bedrohliche Waffen ausgebildet sind.

ren) Schnäbeln der Vögel einen Funktionswechsel erfahren hat. Bei einem solchen „Funktionswechsel" können Verhaltensweisen u. U. mit ihnen korrelierte, inzwischen jedoch rückgebildete Organe überdauern. So rümpfen manche Geweih tragende Hirsche beim Drohen die Oberlippe, obwohl ihnen ein hauerartiger Eckzahn, den sie dadurch drohend zur Schau stellen könnten, fehlt. (Er ist nur noch in Form von „Grandeln" als Rudiment vorhanden.) Bei ursprünglichen Vertretern dieser Gruppe (z. B. Moschustier, Muntjak u. a.) ist er jedoch noch wohl ausgebildet (Abb. S. 44). Auch der Mensch zieht in der extremen Drohmimik die Mundwinkel nach unten, damit die nicht auffallend entwickelten unteren Eckzähne entblößend, die bei den Affen stark ausgebildet hervortreten und als Waffe dienen.

HOMOLOGIE PHYSIOLOGISCHER PROZESSE. Stoffwechselphysiologische und entwicklungsphysiologische Abläufe in Organismen bestehen in der Regel aus mehrgliedrigen Reaktionsketten, wobei die beteiligten Enzyme und Hormone und

18

die auftretenden Zwischenprodukte verglichen und auf dabei auftretende Homologien untersucht werden können. Dabei zeigt sich, daß Grundvorgänge, z. B. des *Atmungsstoffwechsels*, der *hormonalen Steuerung des Fortpflanzungszyklus* bei Wirbeltieren, der Auslösung und Steuerung der *Häutung bei Gliederfüßern* (z. B. Krebse und Insekten), weitgehende Übereinstimmung aufweisen und homologisierbar sind.

HOMOLOGIE VON MAKROMOLEKÜLEN. Zahlreiche in Organismen auftretende chemische Verbindungen sind Makromoleküle mit komplizierter chemischer Struktur. Vielfach sind sie, wie z. B. die *Proteine* oder die *Desoxyribonukleinsäure (DNS)*, u. a. aus in Sequenzen angeordneten Bausteinen zusammengesetzt. Der Biochemiker kann diese Sequenzen, z. B. die Aminosäuresequenz der Proteine und die Nukleotidsequenz der DNS, analysieren und auf diese Weise Homologien im Aufbau solcher Makromoleküle erkennen. Der Grad der Übereinstimmung im Aufbau derartiger Makromoleküle bei verschiedenen Arten deckt sich vielfach mit dem aufgrund anderer Homologievergleiche erschlossenen Verwandtschaftsgrad dieser Organismen.

Auch hierbei sind oft ganze große Verwandtschaftsgruppen durch homologe Moleküle charakterisierbar, so z. B. die Wirbeltiere durch den Besitz des roten Blutfarbstoffes Hämoglobin (zum Transport des Sauerstoffes).

Zur Feststellung der Übereinstimmung zweier Organismen im Hinblick auf ihre Eiweiße macht sich die Verwandtschaftsforschung vielfach die hochspezifischen Antigen-Antikörperreaktionen zunutze, um auf *serologischem Wege* chemische Übereinstimmungen quantitativ zu erfassen.

HOMOLOGIE UND PHYLOGENETISCHE VERWANDTSCHAFT. Homologien nachweisen heißt durch Differenzierung unter Umständen sehr unähnlich gewordene Eigenschaften von Organismen auf eine gemeinsame „Grundeigenschaft" zurückführen und damit einen gemeinsamen Ahnen für die verglichenen Organismen fordern. Je näher zwei Organismen miteinander verwandt sind, um so größer wird die Anzahl nachweisbarer homologer Organe sein und um so größer der Grad der Übereinstimmung derselben. Darauf beruht das von *G. de Cuvier* aufgestellte ,*Korrelationsgesetz': Sind für zwei oder mehr Organismen einige homologe Eigenschaften ermittelt, so lassen sich meist noch weitere finden.* Diese Koppelung homologer Eigenschaften gestattet den Aufbau von Ver-

Ein **Nukleotid** aus Adenin, Desoxyribose und Phosphorsäure

Serologische Methode

Manche Verhaltensweisen können auch durch Lernen oder Prägung „übertragen" werden, man spricht dann von **Traditionshomologien**. Diese lassen natürlich **keinen** Schluß auf einen gemeinsamen Ahnen zu.

Korrelationsgesetz von G. de Cuvier

19

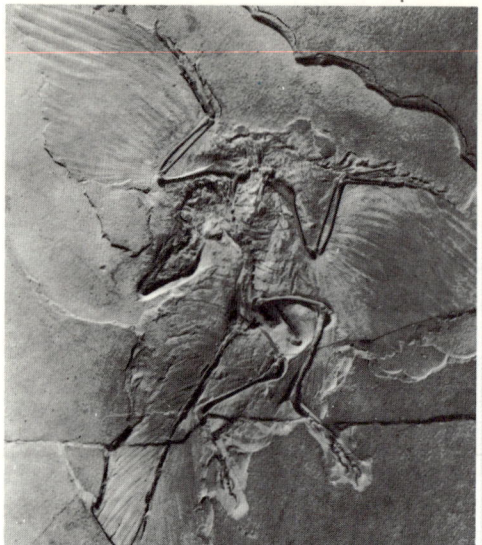
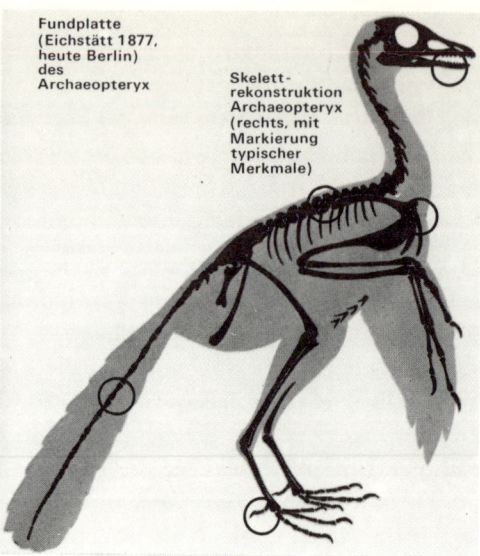

Fundplatte
(Eichstätt 1877,
heute Berlin)
des
Archaeopteryx

Skelett-
rekonstruktion
Archaeopteryx
(rechts, mit
Markierung
typischer
Merkmale)

Der Urvogel *Archaeopteryx* stellt ein echtes Verbindungsglied zwischen den Kriechtieren und den Vögeln dar. An Reptilienmerkmalen zeigte er u. a. echte Zähne im Kiefer, drei noch wohlgegliederte Finger mit Krallen und eine lange Schwanzwirbelsäule. Daneben waren aber schon typische Vogelmerkmale entwickelt: ein sehr differenziertes Federkleid, eine nach hinten gerichtete Großzehe u. a. m.

Fossile Übergangsformen

Fossil sind uns in einigen Gruppen Formen erhalten, die in ihrer Organisation Eigenschaften vereinen, die heute zwei getrennten Klassen z. B. der Wirbeltiere eigen sind.

Ichthyostega aus dem Devon Ostgrönlands das älteste bislang bekannte vierfüßige Landwirbeltier, ein Bindeglied zwischen gewissen Fischen und primitiven Lurchen. An die Fische erinnert u. a. der Schädel und die Ausbildung des Schwanzes. Amphibienmerkmale dagegen sind die typisch fünfstrahlige Extremität, der Anschluß des Beckens an die Wirbelsäule u. a.

Rekonstruktion des Skeletts und des Lebensbildes

wandtschaftsgruppen, wie sie dem natürlichen System der Organismen zugrunde liegen. Entsprechend dem *hierarchischen System* der Organismen lassen sich demnach engere und weitere *Homologiekreise* erstellen; letztlich finden sich allumfassende Homologien, Eigenschaften, die nahezu allen Organismen, seien es Pflanzen oder Tiere, gemeinsam sind. Dazu gehört z. B. der typische Bau der Zelle, mit Zellkern, Mitochondrien, Chromosomen, Grundvorgänge des Atmungsstoffwechsels u. a., die sich, ausgenommen die primitiven sogenannten Prokaryonten (Bakterien und Blaualgen), bei allen Organismen im Prinzip in gleicher Weise finden. Sie liefern den Beweis für die Verwandtschaft aller Lebewesen, d. h. für deren Wurzel in *gemeinsamen Ausgangsformen* (monophyletische Entstehung der Lebewesen).

Zeugnisse der Paläontologie

Evolutionsforschung ist u. a. die Erforschung der *Stammesgeschichte*. Unmittelbare Dokumente dieses historischen Prozesses liefert die *Paläontologie*. Sie befaßt sich mit den *fos-*

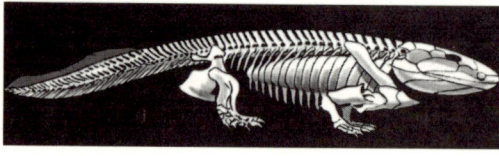

silen (versteinerten) Überresten und Spuren der Organismen früherer Erdepochen. Älteste *Fossilien* in Form primitiver Blaualgen und Bakterien kennen wir bereits aus Gesteinen, die mehr als 3 Milliarden Jahre alt sind. Reiches fossiles Material dagegen liegt erst seit dem Kambrium (vor ca. 500 Millionen Jahren) vor. Das fossile Material widerlegt den Mitte des 18. Jahrhunderts von *Linné* aufgestellten Satz von der *Konstanz der Arten;* einmal dadurch, daß aus früheren Erdperioden Arten und Gruppen von Organismen nachweisbar sind, die heute nicht mehr existieren, im Laufe der Erdgeschichte also ausgestorben sind; zum anderen beweist die Paläontologie, daß nicht alle Organismengruppen „von Anbeginn an" existiert haben. So gab es im Kambrium z.B. schon Schnecken, Stachelhäuter und Gliederfüßer, aber noch keine Wirbeltiere und keine Landpflanzen. Die ersten Säugetiere z.B. finden sich erst in der Jurazeit (vor ca. 160 Millionen Jahren). Bestimmte Organismengruppen haben sich demnach zeitlich nacheinander im Laufe der Erdgeschichte entwickelt. Während *Cuvier* noch zu Beginn des 19. Jahrhunderts glaubte, diesen Floren- und Faunenwandel dadurch erklären zu können, daß durch erdgeschichtliche Katastrophen jeweils alle Lebewesen vernichtet wurden und danach eine Neuschöpfung anderen Typen den Ursprung gab, ist dieser Wandel im Verlauf der Erdgeschichte für uns heute ein unmittelbarer Beweis für die phylogenetische Entwicklung der Organismen.

In besonders günstig gelagerten Fällen ist es den Paläontologen gelungen, Stammesreihen in ihrer zeitlich sukzessiven Umwandlung direkt zu verfolgen. Am bekanntesten ist hier die Phylogenie der *Pferde* im Verlauf des Tertiärs (beginnend vor ca. 60 Millionen Jahren) geworden. In einigen wenigen Fällen ist es schließlich geglückt, *Übergangsformen* oder *Verbindungsglieder (connecting links)* auch zwischen höheren Organisationstypen (z.B. verschiedenen Klassen) aufzufinden. Der *Urvogel Archaeopteryx* aus der Jurazeit, in 6 Exemplaren in den Plattenkalken bei Solnhofen aufgefunden, demonstriert durch ein „Mosaik" von Reptilien- und Vogelmerkmalen die stammesgeschichtliche Entwicklung der Vögel aus Reptilienahnen. Eine ähnliche Rolle spielt *Ichthyostega*, ein Fossil, das den Übergang von den Fischen zu den Amphibien belegt.

Die Tatsache, daß sich nicht alle Stammesreihen durch Fossilmaterial belegen lassen, kann nicht gegen die Evolutionstheo-

Älteste Fossilien

Georges Baron de Cuvier, französischer Naturforscher, 1769–1832; Begründer der Paläontologie und vergleichenden Anatomie. Vertrat die Unveränderlichkeit der Arten und erklärte die Verschiedenheit fossiler und heutiger Lebewesen durch seine *Katastrophentheorie.* Nach dieser sollten in jeder Erdperiode durch Naturereignisse sämtliche Lebewesen ausgetilgt und danach andersartige neu erschaffen worden sein.

Phylogenie der Pferde, Abb. Seite 22

Fossile Übergangsformen, Abb. Seite 20

EVOLUTION DER PFERDE I

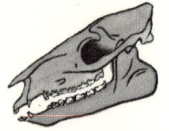

Hyracotherium

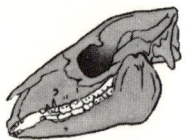

Mesohippus

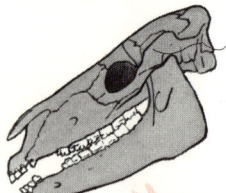

Parahippus

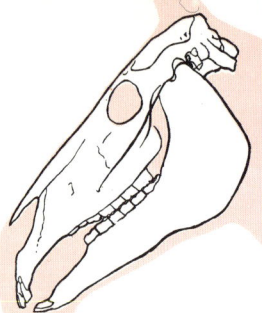

Equus

Die Geschichte der Pferde im Tertiär und Quartär ist besonders gut bekannt und eignet sich vor allem als Beispiel für die Arbeitsweise der paläontologischen Evolutionsforschung. Ernst Haeckel bezeichnete diese Entwicklungsreihe als »Paradepferd« der Paläontologie. Die Reihe nimmt ihren Ausgang vom kleinen, untereozänen Hyracotherium (Eohippus). Seine Vorfahren sind primitive Säuger, die etwa vom Paleozän bis zum Ende des Eozäns lebten. Aus den nächsten Abschnitten des Tertiärs sind die fossilen Reste des Mesohippus (Unteroligozän) und des Parahippus (Untermiozän) bekannt. Die Reihe wird abgeschlossen durch das heutige Pferd (Equus), das seit dem letzten Abschnitt des Tertiärs (Pliozän) lebt.

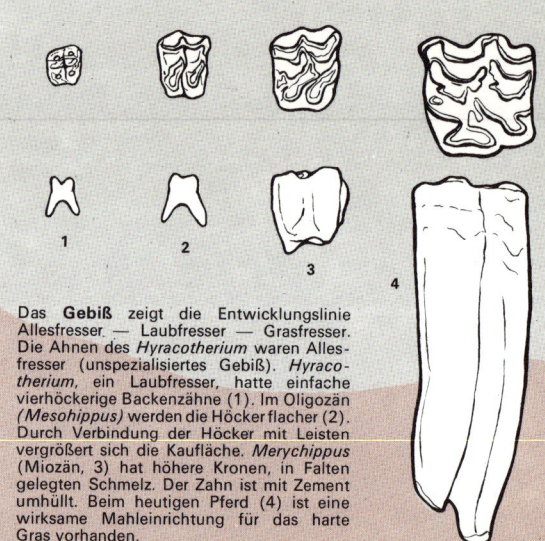

Das **Gebiß** zeigt die Entwicklungslinie Allesfresser — Laubfresser — Grasfresser. Die Ahnen des *Hyracotherium* waren Allesfresser (unspezialisiertes Gebiß). *Hyracotherium*, ein Laubfresser, hatte einfache vierhöckerige Backenzähne (1). Im Oligozän *(Mesohippus)* werden die Höcker flacher (2). Durch Verbindung der Höcker mit Leisten vergrößert sich die Kaufläche. *Merychippus* (Miozän, 3) hat höhere Kronen, in Falten gelegten Schmelz. Der Zahn ist mit Zement umhüllt. Beim heutigen Pferd (4) ist eine wirksame Mahleinrichtung für das harte Gras vorhanden.

Der Wandel vom »geruhsamen« Waldtier zum schnell laufenden Steppentier läßt sich vor allem an der Umbildung der Extremitäten verfolgen. Der Urtyp des »Lauffußes« ist 5strahlig. Bereits bei *Hyracotherium* (U-Eozän) ist bei der Vorderextremität eine Zehe reduziert, bei *Orohippus* (M-Eozän) völlig verschwunden (1). Bei *Mesohippus* (Oligozän) beginnt die Betonung der Mittelzehe (2); *Hipparion* (Pliozän) ist funktionell bereits ein Einhufer (3). Bei der Gattung *Equus* schließlich (4) liegt auch anatomisch der typische »einzehige Springfuß« vor.

Mit der zunehmenden Höhe der Backenzähne hängt u. a. auch die Umbildung des *Schädels* zusammen. Der Unterkiefer wird höher, der Gesichtsschädel länger. Auch die vor allem im Eozän sich vollziehende Vergrößerung des Gehirns wirkt sich als verändernder Faktor auf die Proportionen des Schädels aus.

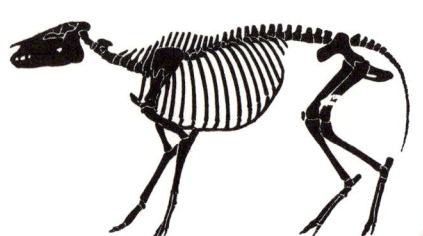

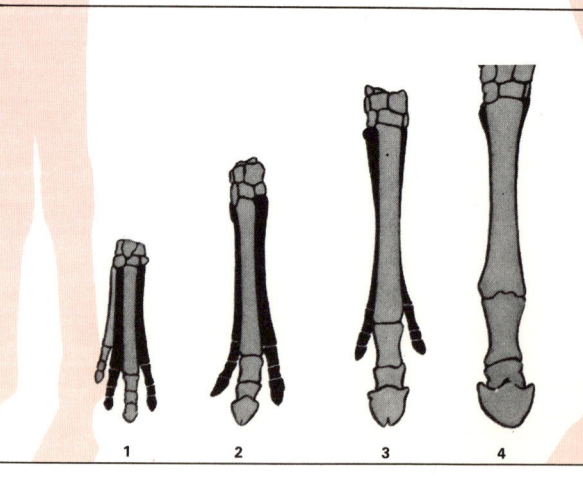

Gegenwart

Südamerika
Equus

Nordamerika
Equus

Alte Welt
Equus

Eiszeit

Pliozän

Hippidiongruppe

Pliohippus

Neohipparion
und Nannippus

Stylo-
hipparion

Calippus

Hipparion

Hypohippus

Miozän

**Grasfressende
Pferde**

Megahippus

Anchitherium

Merychippus

Archaeohippus

Anchitherium

**Laubfressende
Pferde**

Parahippus

Anchitherium

Oligozän

Mesohippus

Epihippus

Palaeotherier

Orohippus

Eozän

Hyracotherium (Eohippus)

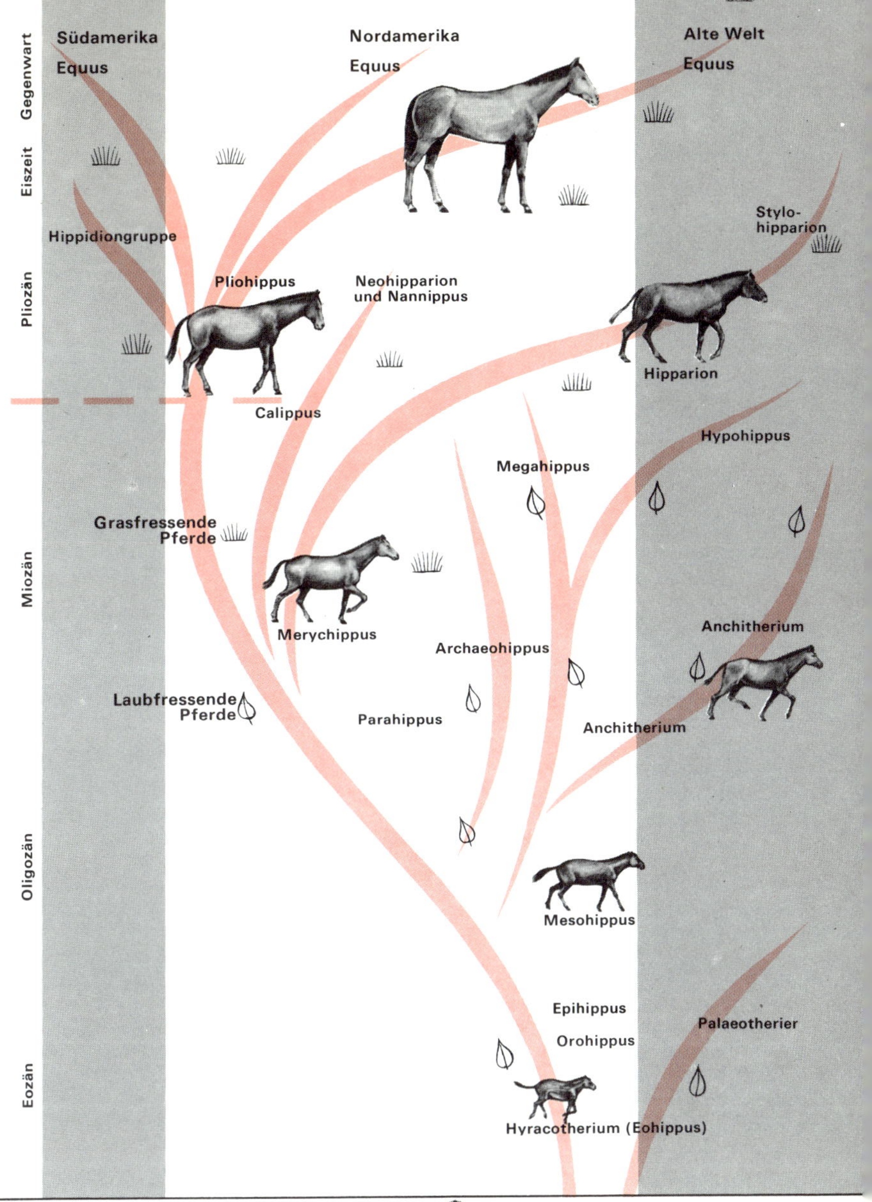

Aus Studien der Merkmalsabwandlungen und unter Einbeziehung aller fossilen Funde der *Equiden* kommt man zu einem sehr aufschlußreichen Bild von der Evolution dieser Gruppe. Besonders interessant ist, daß sich die Phylogenie der Pferde seit dem Obereozän ausschließlich in Nordamerika abspielte. Die in Europa gefundenen Gattungen sind jeweils über die damals landfeste Beringstraße nach Asien und Europa eingewandert, z. B. *Anchitherium* (Miozän), *Hipparion* (Pliozän), *Equus* (Pleistozän). Die Einbeziehung solcher Wanderungen ist unerläßlich, um zu einem realistischen Bild der Phylogenie zu gelangen. Für die Gruppe der Pferde bedeutet dies, daß nur in Nordamerika eine echte Phylogenese vorliegt. In der Alten Welt sind dagegen große Lücken vorhanden: es handelt sich hier nur um eine *scheinbare Phylogenese*, eine *Stufenleiter*.

Die Reduktion der 5zähligen Extremität zur 3zähligen Form *(Unpaarzeher)* ist auch bei anderen Gruppen der Säuger vor sich gegangen. Sie alle sind auf zunächst allesfressende, dann schon typisch pflanzenfressende Stammformen zurückzuführen. Anders als die *Equiden* sind die *Tapiridae (Tapire)* Laubfresser geblieben, während die *Chalicotheriidae* (Füße mit Krallen, vielleicht zum Ausgraben von Pflanzenknollen) oder die *Rhinocerotidae (Nashörner)* besondere Spezialisierungen des gesamten Körperbaues erfahren haben. Das Beispiel der Unpaarzeher ist somit eine sehr einleuchtende Darstellung einer Spezialisationsentwicklung, wie sie für fast alle Säuger typisch ist.

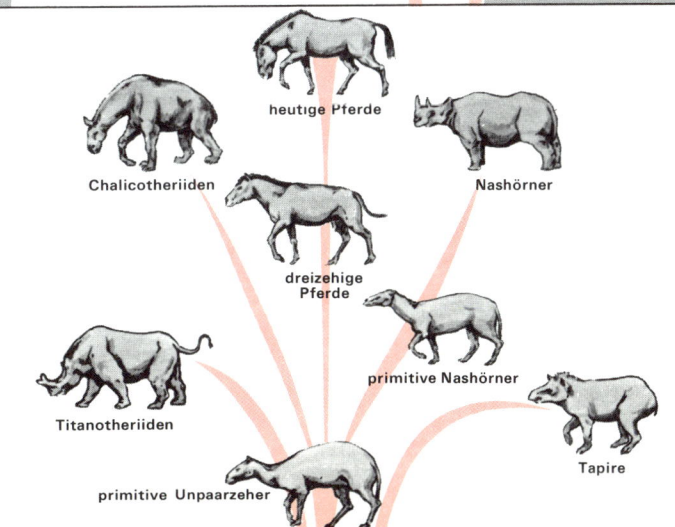

heutige Pferde

Chalicotheriiden

Nashörner

dreizehige Pferde

primitive Nashörner

Titanotheriiden

Tapire

primitive Unpaarzeher

rie ins Feld geführt werden. Im allgemeinen hinterlassen nur Organismen mit Hartteilen im größeren Ausmaß fossile Reste. Schließlich müssen eine Reihe von „Glücksumständen" zufällig zusammentreffen, daß es überhaupt zur Erhaltung und schließlich zum Auffinden von Fossilmaterial kommt. Eine Lückenhaftigkeit der fossilen Überlieferung und damit das Fehlen fossiler Übergangsformen *(missing links)* ist daher selbstverständlich.

Lückenhafte Überlieferung „missing links"

Zeugnisse der Biogeographie

Auch die Verbreitung der Pflanzen- und Tiergruppen auf unserer Erde liefert Beweise für die Evolution. Viele Organismengruppen sind nämlich nicht weltweit verbreitet, sondern auf bestimmte geographische Gebiete beschränkt; in anderen fehlen sie, und zwar vielfach auch dann, wenn für sie dort durchaus entsprechende Umweltbedingungen existieren. So gibt es z. B. *Kolibris* als Nektar saugende Vögel nur in Süd- und Nordamerika; in allen anderen Kontinenten fehlen sie und werden dort durch andere Nektar saugende Arten, so in Afrika durch die Nektarvögel, „vertreten" *(Stellenäquivalenz).* In Madagaskar fehlen nahezu alle afrikanischen Großsäuger, auch die *echten Affen,* während die *Halbaffen* dort eine reiche Entwicklung erfahren haben. In Australien fehlen höhere Säugetiere *(Placentalia)* nahezu völlig (unter den Säugetieren dominieren die *Beuteltiere* und Kloakentiere), auch *Geier* und *Spechte* kommen dort nicht vor. Diese Beschränkung bestimmter Organismengruppen auf bestimmte geographische Gebiete und ihr Fehlen in anderen erklärt sich z. T. daraus, daß diese Gruppen im heutigen Verbreitungsgebiet stammesgeschichtlich entstanden sind und andere Gebiete mit den ihnen zur Verfügung stehenden *Ausbreitungsmitteln* nicht erreichen konnten, weil sie *Ausbreitungsschranken* (z. B. Meere, Gebirge und Wüsten) daran gehindert haben. Tiere und Pflanzen, die nur in einem beschränkten Gebiet vorkommen, nennt man *endemisch* für dieses Gebiet *(Endemiten).* Besonders reich an solchen Endemiten sind alte Inseln oder Inselkontinente, die entweder die Verbindung mit dem benachbarten Festland schon lange verloren haben (z. B. Madagaskar oder Australien) oder nie eine solche aufwiesen (z. B. vulkanisch entstandene ozeanische Inseln, wie Hawaii und die Galápagos).
Freilich gilt es bei den Endemiten zu unterscheiden zwischen

Kolibris und Nektarvögel, Abb. Seite 54

Beuteltiere Australiens, Abb. Seite 95

Endemismus

Galápagos, Abb. Seite 95

solchen, die auch fossil nur aus dem jetzigen Verbreitungsgebiet bekannt sind, also auch in der Vergangenheit niemals außerhalb desselben vorgekommen sind *(Entstehungsendemiten)*, und solchen, die ursprünglich weiter verbreitet waren (z. B. durch Fossilfunde nachweisbar), sich jedoch nur in ihrem heutigen, beschränkten Verbreitungsgebiet gehalten haben *(Reliktendemismus)*.

Entstehungsendemismus

Reliktendemismus

Rudimentäre Organe als Evolutionsbeweise

Im Laufe der Evolution haben die Organismen vielfach ihre Lebensweise geändert. Das hat einen Funktionswechsel ihrer Organe bedingt, bestimmte Organe jedoch auch ihrer ehemaligen Funktion enthoben. Solche funktionslos gewordenen Organe haben sich im Laufe der stammesgeschichtlichen Entwicklung *rückgebildet*, sich jedoch in manchen Fällen als Reste bis heute gehalten, die als *Rudimente (Vestigium)* bezeichnet werden. Beispiele für Rudimente finden sich bei zahlreichen Pflanzen und Tieren. So sind im typischen Bauplan der *Reptilien* z. B. 4 Wirbeltierextremitäten vertreten (z. B. Eidechsentyp). Einige Reptiliengruppen sind im Laufe der Evolution von der laufenden zur schlängelnden Fortbewegungsweise übergegangen, was zu einer Reduktion der Beine führte. Bei den rezenten *Glattechsen (Scincidae)* läßt sich diese schrittweise Rückbildung demonstrieren bis zu einem Typ *(Chalcides guentheri)*, bei dem die Hinterextremitäten völlig reduziert, die Vorderextremitäten jedoch noch als Reste (Rudimente) erhalten sind. Selbst bei manchen *Schlangen* finden sich, im Körper verborgen, noch Rudimente des Beckens und der Hinterextremität; dasselbe gilt für einige *Wale.* Bei manchen flugunfähigen *Laufkäfern* finden sich Rudimente der häutigen Hinterflügel unter den verwachsenen Flügeldecken, und auch flugunfähige *Vögel*, wie der *Kiwi*, haben Flügelrudimente erhalten. In Höhlen lebende (z. B. einige Fische) oder grabende Tiere haben vielfach rudimentäre Augen, so z. B. die zu den Nagern gehörenden *Grabmulle (Spalacidae)*, bei denen die Augen von der Haut überwachsen sind.

Auch das *Haarkleid des Menschen* ist ein Rudiment einer ursprünglich reichen Behaarung. Weitere Rudimente beim Menschen sind u. a. die Reste einer Schwanzwirbelsäule, deren wenige Einzelwirbel zum Steißbein verschmolzen sind, Reste einer Muskulatur der Ohren, die bei manchen Affen

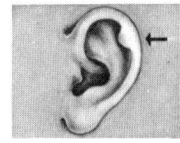

Darwinscher Ohrhöcker
Der am menschlichen Ohr (Helixrand) befindliche kleine Höcker, wurde von Ch. Darwin als entwicklungsgeschichtlich umgeformte Spitze des Säugetierohres erkannt.

Rückbildung, Abb. Seite 26

Beinreduktion bei Glattechsen, Abb. Seite 26

Kiwi, Laufvogel mit rudimentären Flügeln

RUDIMENTÄRE ORGANE

Im Laufe der Evolution der Organismen ist es öfters auch zur Rückbildung von Organen gekommen, wenn diese ihre ursprüngliche Funktion verloren haben. Solche rudimentären Organe sind vielfach noch als oft nur winzige Reste erhalten, deren Existenz nur historisch zu verstehen ist.

Die *Wale* (rechts) haben die Hinterextremität und das Becken bis auf ein Rudiment zurückgebildet; die winzigen Knochenrudimente liegen verborgen im Körperinnern. Bei den *Pythonschlangen* (rechts unten) haben sich Reste des Beckens und der Hinterextremität ebenfalls im Körper verborgen gehalten. Lediglich eine Klaue *(Afterklaue)* bricht sogar zwischen den Schuppen nach außen hervor. Anderen Schlangen fehlen selbst solche Reste der Extremitäten völlig. Die beiden Röntgenaufnahmen zeigen das Hinterbeinskelett der Pythonschlangen.

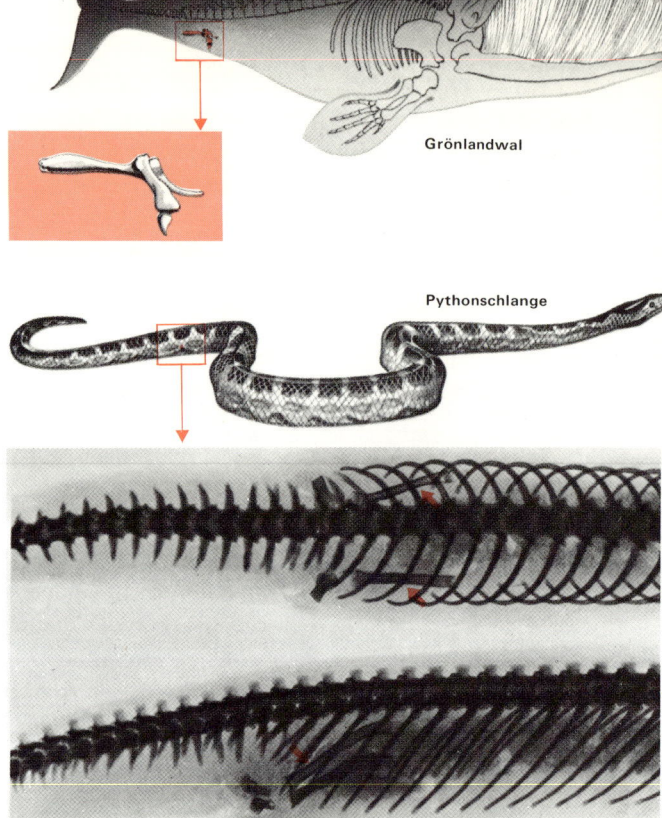

Grönlandwal

Pythonschlange

Bei den *Glattechsen (Chalcides)* lassen sich verschiedene Rückbildungsstufen der Extremitäten bei den verschiedenen heute lebenden Arten demonstrieren. Bei *Chalcides guentheri* ist der »Blindschleichentypus« erreicht; nur von den Vorderextremitäten sind äußerlich noch winzige Stummel erhalten.

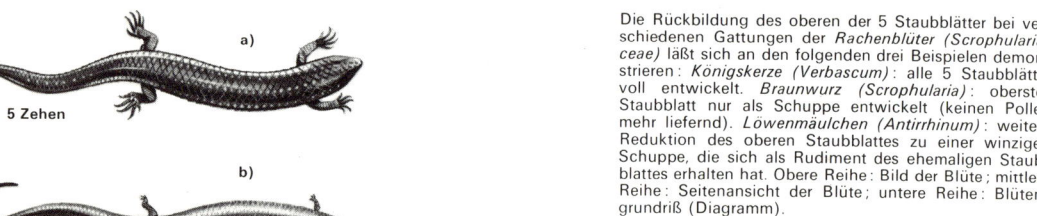

a) Walzenschleiche
   (Chalcides ocellatus)
b) Marokkanische Schleiche
   (Chalcides mionecton)
c) Erzschleiche
   (Chalcides chalcides)
d) Syrische Schleiche
   (Chalcides guentheri)

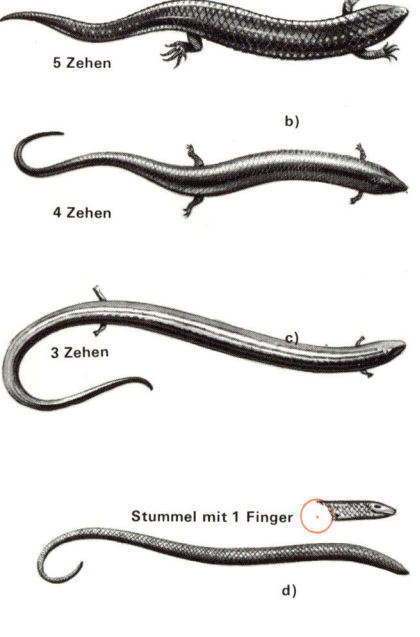

a)

5 Zehen

b)

4 Zehen

c)

3 Zehen

Stummel mit 1 Finger

d)

Die Rückbildung des oberen der 5 Staubblätter bei verschiedenen Gattungen der *Rachenblüter (Scrophulariaceae)* läßt sich an den folgenden drei Beispielen demonstrieren: *Königskerze (Verbascum)*: alle 5 Staubblätter voll entwickelt. *Braunwurz (Scrophularia)*: oberstes Staubblatt nur als Schuppe entwickelt (keinen Pollen mehr liefernd). *Löwenmäulchen (Antirrhinum)*: weitere Reduktion des oberen Staubblattes zu einer winzigen Schuppe, die sich als Rudiment des ehemaligen Staubblattes erhalten hat. Obere Reihe: Bild der Blüte; mittlere Reihe: Seitenansicht der Blüte; untere Reihe: Blütengrundriß (Diagramm).

Königskerze   Braunwurz   Löwenmäulchen

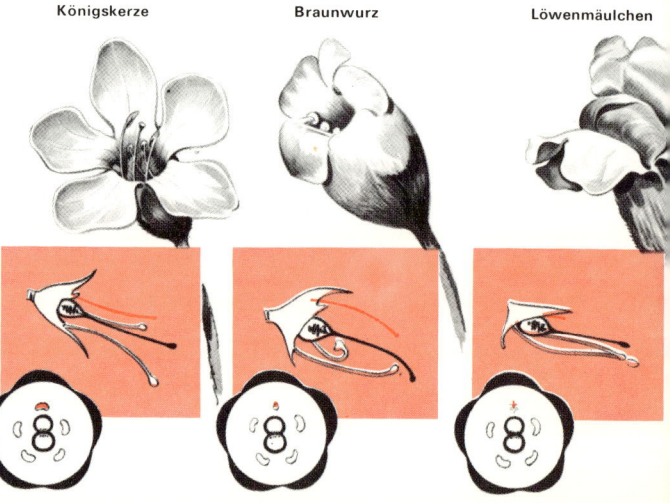

bewegt werden können, und der kleine Wurmfortsatz des Blinddarms. Auch im Pflanzenbereich sind Rudimente verbreitet; ein bekanntes Beispiel ist die Rudimentation von Staubblättern.

Rudimentation von Staubblättern, Abb. Seite 26

Interessant ist, daß es zur Rudimentation von funktionslosen, aber dem „Typus" zukommenden Organen auch im Bereich des *Sexualdimorphismus* kommen kann, wofür die zu Brustwarzen reduzierten Zitzen der männlichen Säugetiere ein Beispiel abgeben.

Rudimente sind, wo immer sie auftreten, typische Zeugen eines historischen Prozesses, gewissermaßen Anpassungen „von gestern". Sie finden sich daher auch im Bereich der technischen und kulturellen Evolution des Menschen. So stellt der Accent circonflexe der französischen Sprache ein rudimentäres „s" dar, z.B. bei château (von castellum) oder bei hôpital (für Hospital). Verbreitet sind Rudimente in der Mode, so z.B. Knopflöcher im Rever, zu denen gar kein Knopf mehr existiert, und selbst die Technik ist nicht frei davon. Zum Beispiel haben manche Personenwagen ein nicht benutzbares Trittbrett erhalten, das nur als Überbleibsel aus der Kutschenzeit zu verstehen ist.

Rudimente in der Sprache und Technik

Zeugnisse der Keimesentwicklung

In der *Keimesentwicklung (Ontogenie)* vieler Organismen werden einige Organe angelegt, die im ausgewachsenen Zustand entweder völlig fehlen oder dann in einer Ausbildung vorliegen, für die der Verlauf der Keimesentwicklung einen „Umweg" darstellt. Dabei zeigt sich, daß in der Keimesentwicklung bestimmte Organe vielfach Formzustände durchlaufen, wie sie für die Entwicklung von Ahnenformen typisch gewesen sind. Dieser Tatbestand ist den vergleichenden Embryologen schon früh aufgefallen und hat letztlich zur Formulierung der sog. *biogenetischen Grundregel* durch *E. Haeckel* (1866–1869) geführt. Diese Regel besagt: *Die Ontogenie (Keimesentwicklung) ist die kurze und schnelle Rekapitulation (Wiederholung) der Phylogenie (stammesgeschichtliche Entwicklung),* oder, wie *Haeckel* 1903 selbst formulierte: *„Keimesgeschichte ist ein Auszug der Stammesgeschichte."* Dabei hat schon *Haeckel* darauf hingewiesen, daß auch der Keim eines Organismus Eigenanpassungen aufzuweisen hat (wie z.B. die Ausbildung von Keimhüllen oder das Verwachsen der Augenlider bei blind geborenen nesthok-

Ernst Haeckel, deutscher Naturforscher, 1834–1919; 1865–1908 Professor in Jena. Bedeutend als Erforscher der wirbellosen Tiere, vor allem der Einzeller; leidenschaftlicher Verfechter der Abstammung des Menschen vom Tier; stellte die biogenetische Grundregel auf.

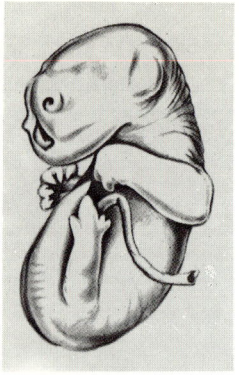

Känogenese
Eigenanpassungen (Känogenesen) des Keims. Das *Riesenkänguruh (Megaleia rufa)* wird in einem noch sehr frühen Stadium der Keimesentwicklung geboren, mit einer Länge von nur 14 mm. Es kriecht selbständig von der Geburtsöffnung im Bauchfell der Mutter zum Beutel, wobei es sich mit den stark entwickelten Vorderbeinen ankrallt. Die Hinterbeine sind, im Gegensatz zum ausgewachsenen Tier, in diesem Stadium weit schwächer entwickelt. Auge und Ohr sind, wie bei vielen neugeborenen Säugetieren, verschlossen und vollenden, derart geschützt, ihre Entwicklung erst nach der Geburt.

kenden Säugetieren), die nicht in dieser Richtung ausgedeutet werden dürfen und als sog. *Störungsentwicklungen (Känogenesen)* jenen Entwicklungsvorgängen, die phylogenetische Rekapitulationen, also „Wiederholungen" von Eigenschaften einer Ahnenform, aufweisen *(Palingenesen)*, gegenübergestellt werden müssen. Beispiele dafür finden sich in der Ontogenese zahlreicher Organismen. So durchlaufen alle *Wirbeltiere* in der Keimesentwicklung ein Embryonalstadium, auf dem sie einem Fischembryo sehr gleichen und wie dieser Kiemenbogen und entsprechende Blutgefäße anlegen, auch wenn es bei ihnen niemals zur Ausbildung eines Kiemenapparates kommt. Das ist ein Beweis dafür, daß die Evolution der Wirbeltiere ganz sicher mit im Wasser lebenden und durch Kiemen atmenden Formen begann.

Schollen, als ausgewachsene Fische asymmetrisch gebaut, da sie mit einer Körperseite dem Untergrund aufliegen, durchlaufen ein symmetrisches Jugendstadium und gleichen hierin einem „normalen Fisch".

Bartenwale, welche die Zähne völlig rückgebildet und durch einen aus Hornplatten bestehenden Reusenapparat ersetzt haben, bilden als Embryonen Zahnanlagen aus, die aber nie fertig entwickelt und später sogar reduziert werden; sie zeigen dadurch an, daß sie von Vorfahren abstammen, die Zähne besaßen, wie heute noch die *Zahnwale* (z. B. *Delphine*).

Der *menschliche Embryo* legt während der Keimesentwicklung ein relativ dichtes embryonales Haarkleid *(Lanugo)* an, das er noch vor der Geburt wieder abstößt. Als Beispiel aus dem Pflanzenreich sei der *Lebensbaum* (Thuja) erwähnt, dessen Triebe mit kurzen schuppenförmigen Blättern besetzt sind, während der Keimling, wie andere Nadelbäume auch, typische langgestreckte Nadeln trägt.

Atavismen als Zeugnisse der Evolution

Relativ selten treten bei Einzelindividuen als „Mißbildungen" auch *Rückschläge* auf, d. h. die Ausbildung eines Organs in einer Weise, wie sie einer Ahnenform zukam. Solche Rückschläge *(Atavismen)* können durch Mutationen, durch Störungen in der Embryonalentwicklung und u. U. auch durch Kreuzung nahe verwandter Arten bedingt sein. So werden selten 3zehige Pferde geboren, ein Hinweis darauf, daß diese Einhufer von mehrzehigen Formen abstammen. Bei manchen *Fliegen* (z. B. der *Taufliege Drosophila*) kennt man

Pelorie: Pelorienbildung beim Gemeinen Leinkraut; oben normale Blüte

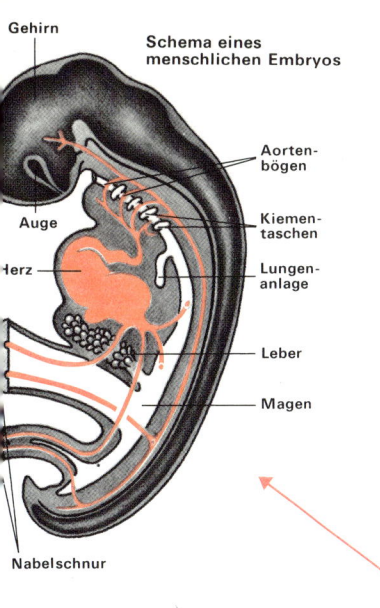

Schema eines
menschlichen Embryos

Gehirn

Aorten-
bögen

Auge

Kiemen-
taschen

Herz

Lungen-
anlage

Leber

Magen

Nabelschnur

In der Keimentwicklung (Ontogenie) werden bestimmte Organisationszüge von Ahnenstadien aus der Stammesentwicklung (Phylogenie) kurz »wiederholt« (rekapituliert). Frühe Entwicklungsstadien (obere Reihe der Bildspalten) von Wirbeltieren sind daher einander sehr ähnlich und erinnern an frühe Keime von Fischen. Sie legen sogar Kiemenbögen an. Solche für die heute lebenden Arten unnützen embryonalen Strukturen stellen einen »Umweg« in der Keimentwicklung dar.

Ein besonders prägnantes Beispiel für »Relikte« aus Ahnenstadien sind die *Kiemenbögen* bzw. *Kiemenspalten* bei Säugerembryonen. Abb. oben zeigt einen 4 mm langen, ca. 1 Monat alten *menschlichen Embryo* (Schema) mit inneren Organen, Blutgefäßsystem und der Anlage von »Kiemenbögen«. Man sieht, daß den »Kiemenbögen« Blutgefäßbögen zugeordnet sind. Zum Vergleich sind in Abb. unten die entsprechenden Strukturen bei einem Hai wiedergegeben.

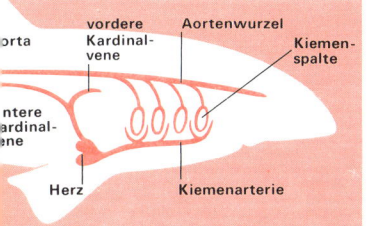

orta

vordere
Kardinal-
vene

Aortenwurzel

Kiemen-
spalte

ntere
ardinal-
ne

Herz

Kiemenarterie

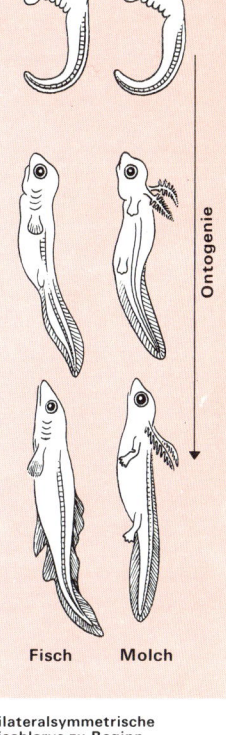

Ontogenie

Mensch Schwein   Schildkröte Vogel   Fisch Molch

Die *Plattfische (Heterosomata,* z. B. *Scholle)* liegen mit einer Seite dem Untergrund auf. Nase Mund und Augen sind auf die andere, nach oben gerichtete Seite verlagert. Die aus dem Ei schlüpfende Fischlarve (rechts oben) ist jedoch noch bilateralsymmetrisch gebaut wie ein normaler Fisch und führt die Verlagerung von Auge, Nase und Mund erst im Verlauf der weiteren Entwicklung durch. Abb. rechts zeigt die Verlagerung der drei Organe in drei Stadien. Der gesamte »Umbau« erfolgt in etwa anderthalb Monaten. In der schmalen Bildspalte ist die »Wanderung« der Augen (im Querschnitt, von vorn gesehen) dargestellt.

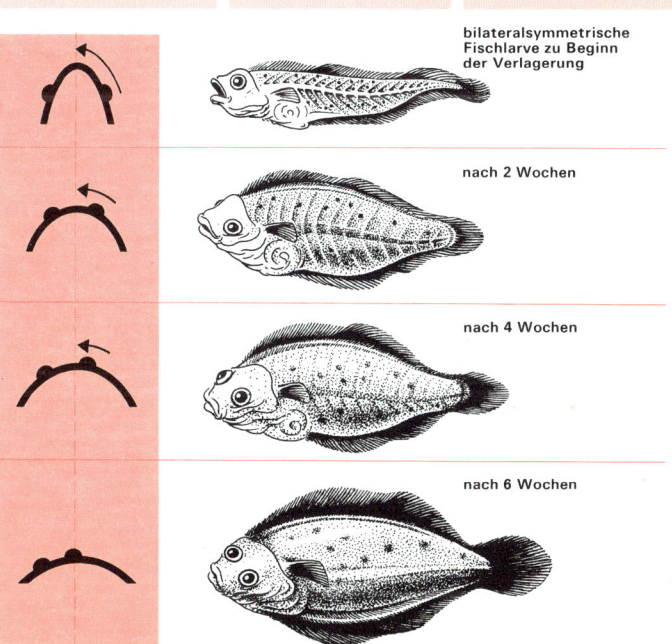

bilateralsymmetrische
Fischlarve zu Beginn
der Verlagerung

nach 2 Wochen

nach 4 Wochen

nach 6 Wochen

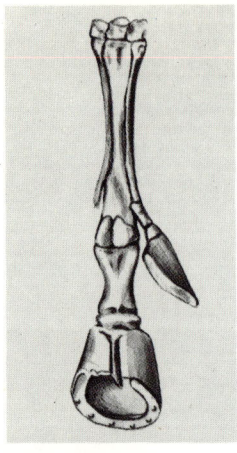

Atavismus
Atavismus nennen wir einen »Rückschlag« in die Ausbildungsweise einer Ahnenform. Abgebildet ist der rechte Vorderfuß eines Hauspferdes, der anstelle eines Griffelbeines (Rudiment eines seitlichen Zehenstrahles) als Atavismus auf der einen Seite eine wohlentwickelte Zehe mit einem kleinen Huf trägt.

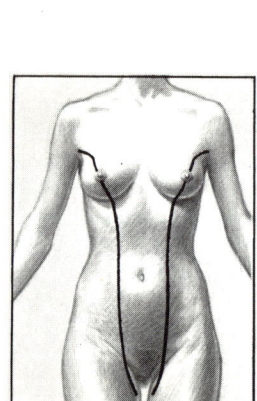

Während der Fetalphase bilden sich zwei *Milchleisten* (rechts) entlang einer Linie, die jeweils von der Schulter zur Leistengrube reicht. Beim Menschen entwickelt sich auf dieser Milchleiste nach der Geburt meist nur je eine Brust; bei vielen Säugetieren werden dagegen auf jeder Seite mehrere Brustdrüsen ausgebildet.

Mutanten, bei denen die Schwingkölbchen zu häutigen Hinterflügeln umgebildet sind, also wieder in ihrer ursprünglichen Ausbildung vorliegen. Bei einigen Pflanzen mit abgeleiteten bilateralsymmetrischen Blüten, wie z. B. beim *Löwenmäulchen*, treten gelegentlich radiärsymmetrische Blüten auf, die einen Rückschlag in die ursprüngliche Blütenform darstellen (Pelorienbildung).

Auch beim *Menschen* kennen wir Atavismen, so z. B. das Auftreten überzähliger Brustwarzen, die entlang einer bauchwärts gerichteten *Milchleiste* zur Ausbildung kommen, eine Erscheinung, wie wir sie normal bei Säugetieren mit mehreren bauchständigen Zitzenpaaren (entsprechend der größeren Zahl der Jungen pro Wurf) kennen (z. B. bei Katzen, Hunden und Schweinen).

Alle eben aufgeführten Phänomene sind Zeugnisse dafür, daß die Lebewesen eine historische Entwicklung durchlaufen haben und in dieser einen Wandel in der Form und in der Funktion ihrer Eigenschaften erfuhren. Sie liefern in ihrer Gesamtheit einen eindeutigen Beweis dafür, daß eine Evolution der Organismen stattgefunden hat.

Es ist Aufgabe der *kausalen Evolutionsforschung*, die dabei wirksamen Prozesse aufzudecken und die zu beobachtende Mannigfaltigkeit der Organismen mit ihren jeweils spezifischen Charakteren auf bestimmte Evolutionsfaktoren zurückzuführen.

Kausale Evolutionsforschung

Die Entstehung der Anpassungen

Eine hervorstechende Eigenschaft der Organismen ist, daß sie *zweckmäßig* gebaut sind, d. h. über Eigenschaften verfügen, die jeweils *Anpassungen* an bestimmte, für ihren Träger lebenswichtige Funktionen aufweisen. Die Frage „wozu" ist eine der ersten Fragen, die sich bei der Betrachtung der Eigenschaften von Organismen aufdrängt. All diese Eigenschaften haben eine Funktion und damit für das Individuum und die Art, der es angehört, einen Wert *(= arterhaltender Wert)*. Die Frage nach den bei der Entstehung dieser Anpassungen wirksamen Faktoren hat daher bei der Erarbeitung einer Evolutionstheorie eine entscheidende Rolle gespielt.

Zwei bedeutende Pioniere der Deszendenztheorie haben mit zwei verschiedenen Theorien eine Erklärung für diese Frage gesucht, *Jean-Baptiste de Lamarck* und *Charles Darwin.*

Lamarckismus

Jean-Baptiste de Lamarck nahm als Ursache für die Entstehung der Anpassungen einen den Organismen innewohnenden *Vervollkommnungstrieb* an *(Psycholamarckismus),* der gerichtet Veränderungen zu immer vollkommeneren Anpassungen herbeiführen sollte. Vor allem aber nahm er an, daß die Umwelt direkt gerichtete erbliche Veränderungen an den Organismen hervorrufen könne. So sollten sich die Organe der Tiere durch Gebrauch oder Nichtgebrauch entweder in ihrem Bau verstärken oder abschwächen. Diese im Laufe des Lebens erworbenen Veränderungen an den Eigenschaften der Organismen sollten an die Nachkommen vererbt werden und so im Laufe der Generationenfolge zu zunehmend besseren Anpassungen der Organismen führen.

Lamarck ging also von einer *Vererbung erworbener Eigenschaften* aus und damit von einer direkten Anpassung der Organismen an ihre Umwelt. Wir wissen heute, daß in der Tat Umweltgegebenheiten die Ausbildung von Eigenschaften beeinflussen und auf diese Weise *Modifikationen* hervorbringen. So nimmt die Zahl der roten Blutkörperchen und deren Hämoglobingehalt bei Säugetieren und auch beim Menschen bei Aufenthalt im Hochgebirge in Anpassung an den verringerten Sauerstoffpartialdruck individuell zu, reagiert die Haut bei besonderer mechanischer Beanspruchung durch Verstärkung der Hornschicht (Schwielenbildung), zeigen Pflanzen im Hochgebirge unter dem Einfluß des UV-Lichtes einen veränderten Wuchs, läßt sich die Ausbildung der Muskulatur durch Training verstärken, um nur einige Beispiele zu erwähnen. All diese im individuellen Leben erworbenen Modifikationen sind jedoch nicht erblich. Sie sind Anpassungen des Individuums (im Rahmen seiner genetischen Reaktionsnorm) an bestimmte Umweltgegebenheiten (also Akkommodationen). Nur der Phänotypus wird dabei modifiziert, der Genotypus bleibt unverändert. *Es gibt keine Vererbung erworbener Eigenschaften.* Der Sohn eines Holzfällers kommt nicht mit Schwielen an den Händen und der eines Sonnenanbeters nicht braungebrannt zur Welt. Da sich Evolution jedoch in der Generationenfolge abspielt und daher nur

Jean - Baptiste - Pierre - Antoine de Monet de Lamarck, französischer Naturforscher, 1744–1829; 1779 Mitglied der Pariser Akademie und 1793 Professor der Zoologie am Jardin des Plantes. Lamarck schied als erster die Wirbeltiere von den Wirbellosen; deutete aufgrund umfassender systematischer Studien die erkennbaren, abgestuften Ähnlichkeiten bei Pflanzen- und Tierarten als Verwandtschaftsstufen sich auseinander entwickelter Arten. Begründete mit seiner *Philosophie zoologique* (1809 erschienen) die wissenschaftliche Abstammungslehre, deren erste geschlossene Theorie er in dieser Arbeit gab.

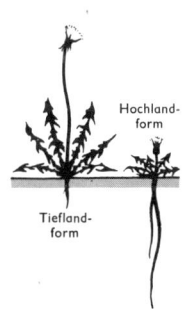

Modifikation: Umwelteinflüsse auf zwei durch Teilung (mit Messer) aus einer Pflanze entstandene Löwenzahnpflanzen

31

ANPASSUNG AN DIE UMWELT

Die Organismen sind an ihre jeweilige Umwelt
angepaßt. Hier sind Anpassungen an belebte
Umweltfaktoren (im Beispiel Freßfeinde) und
an unbelebte Umweltfaktoren (in den Beispielen Wind und Temperatur: Klima) dargestellt.

Tarntracht
Zahlreiche Tiere zeigen eine *Tarntracht* und entgehen so den Augen ihrer Feinde. Hier sind Vertreter verschiedenster Tiergruppen dargestellt, die
jeweils ein Blatt »vortäuschen«. a *Monocirrhus* — ein
Fisch des Amazonas, b *Rhampholeon* — ein Reptil
(Chamäleon), c *Kallima* — ein Blattschmetterling,
d *Cycloptera* — eine Heuschrecke.

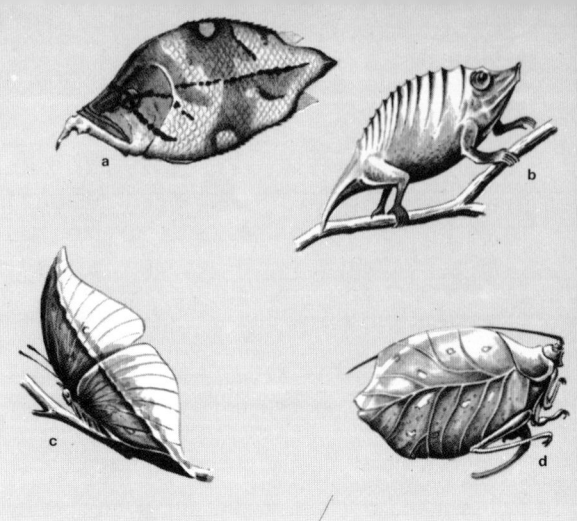

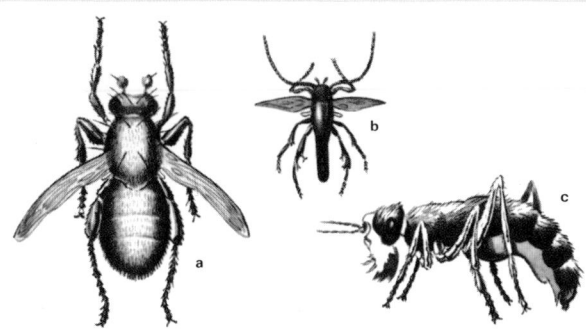

Flügelverlust bei Insekten
Auf sturmumtosten Meeresinseln, wie z. B. den Kerguelen
am Rande der Antarktis, ist für flugunfähige Insekten
(mit reduzierten Flügeln) das Risiko bedeutend ver-
ringert, auf das Meer getrieben zu werden. Es finden sich
auf solchen Inseln daher gehäuft Insekten mit rückge-
bildeten Flügeln, die also besonders gut an die starken
Winde angepaßt sind. a und c zwei Fliegen der Kerguelen, a noch mit Flügelrudimenten, c Flügel völlig
reduziert; b ein Schmetterling mit stark verkürzten Flügeln.

Allensche Regel
Bei manchen Tieren, z. B.
den Säugetieren, sind ex-
ponierte Körperteile, wie
Schwänze und Ohr-
muscheln, Unterkühlung
ausgesetzt. Innerhalb ei-
ner Verwandtschaftsgrup-
pe (im Beispiel hundeartige
Raubtiere) sind daher bei
den Formen im warmen
Klima die Ohren am läng-
sten, im kalten Klima am
kürzesten *(Allensche Re-
gel)*.

| Eisfuchs der | Rotfuchs der | Wüstenfuchs der |
| arktischen Zone | gemäßigten Zonen | subtropischen Zonen |

Anpassung an Trockenklima
Auch Pflanzen sind oft an die klimatischen Verhältnisse
ihres Wohngebiets angepaßt; *Wolfsmilchgewächse (Eu-
phorbiaceae)* beispielsweise kommen zwischen den gemäßigten und tropischen Zonen vor. Die Abb. links
außen zeigt *Euphorbia helioscopia* in der für Wolfsmilchgewächse typischen Form der gemäßigten Zonen:
Kräuter oder Sträucher mit ungeteilten Blättern und Neben-
blättern. In Trockengebieten haben manche Wolfsmilchgewächse in Anpassung an diese extremen klimatischen
Verhältnisse in konvergenter Entwicklung zu den Kakteen
sukkulente Sprosse entwickelt und die Blätter zu Dornen
umgebildet; der Sproß ist also durch Ausbildung von
Wassergewebe fleischig verdickt; ein Beispiel dafür ist
die afrikanische *Euphorbia mammillaris* (Abb. links).

mit erblichen Eigenschaften „arbeiten" kann, scheidet die Lamarcksche Hypothese als Erklärung für die Entstehung von Adaptationen und damit als Evolutionsmechanismus aus. Während *Modifikabilität* zur *Akkommodation* von Individuen führt, bedarf es der genetischen *Variabilität* (und der Selektion), um die Anpassungen (Adaptationen) von Populationen zustande zu bringen, die wir in der Evolution beobachten.

Modifikabilität, genetische Varibilität, Population, Seite 34

Darwinismus

Charles Darwin hat sich 50 Jahre nach Lamarck erneut mit dem Problem der Entstehung der Anpassung auseinandergesetzt. Seine Antwort auf diese entscheidende Frage war die von ihm und unabhängig von dem Begründer der Biogeographie, *A. R. Wallace,* konzipierte *Selektionstheorie,* die Theorie von der *natürlichen Auslese. Darwin* ging dabei von zwei Voraussetzungen aus:

1. Die Individuen einer Tier- oder Pflanzenart sind nicht völlig gleich, sie *variieren.* Nur die *erblichen Variationen* spielen für die Evolution eine Rolle.
2. Alle Organismen haben eine Überproduktion an Nachkommen. Zweigeschlechtliche Organismen produzieren in ihrem Leben mehr als zwei Nachkommen, welche die sterbenden Eltern ersetzen könnten. Es muß daher eine relativ große Sterblichkeit existieren, da die Individuendichte bestimmter Arten über viele Generationen hinweg in der Regel mehr oder weniger konstant bleibt.

Nach *Darwin* kommt es daher im *Kampf ums Dasein (struggle for life),* dem *Existenzkampf,* zum Überleben nur der jeweils „Tauglichsten" unter den Varianten, also zu einer *natürlichen Auslese (Selektion).* Durch diese Selektion werden von Generation zu Generation bevorzugt jeweils jene erblichen Varianten weitergegeben, die für den Organismus einen *arterhaltenden Wert* haben. Dieser Prozeß muß im Laufe der Generationenfolge zur Ausbildung von entsprechenden Anpassungen an die Bedürfnisse und Umweltgegebenheiten der Organismen führen.

Als „Modelle" für diese Vorstellung dienten *Darwin* die Haustiere und Nutzpflanzen, die vom Menschen durch *künstliche Auslese* bestimmter (dem Menschen dienlicher) Varianten aus ihren jeweiligen wilden Stammformen heraus-

Charles Robert Darwin, englischer Biologe, 1809 bis 1882; nahm 1831–36 an einer Forschungsreise mit dem Vermessungsschiff „Beagle" teil. Nach Auswertung der vorwiegend bei dieser Reise (besonders in Südamerika und auf den Galápagosinseln) gemachten Beobachtungen und durch diese angeregt, veröffentlichte er 1859 sein Hauptwerk: *Über die Entstehung der Arten durch natürliche Selektion.* Basierend auf der starken Überproduktion an Nachkommen bei allen Tier- und Pflanzenarten und der damit verbundenen hohen Vernichtungsrate sowie den stets beobachtbaren kleinen Unterschieden zwischen verschiedenen Individuen der gleichen Art, versuchte er in diesem Werk, eine kausale Erklärung für die Herausbildung neuer Arten zu geben. Mit einer Reihe anderer Werke hat Darwin seine Theorie gestützt, zum Beispiel *Abänderung von Tieren und Pflanzen bei der Züchtung* (1868), *Die Abstammung des Menschen* (1871).

33

gezüchtet worden sind. In vielen Fällen läßt sich bei solchen domestizierten (vom Menschen gezüchteten) Formen die schrittweise Veränderung der durch die vom Menschen vorgenommene Selektion geförderten Eigenschaften verfolgen. Durch künstliche Selektion in verschiedener Richtung ist es dem Menschen geglückt, aus einheitlichen Stammformen (z. B. der Felsentaube oder dem Wolf) eine große Anzahl z. T. höchst unterschiedlicher Tauben- bzw. Hunderassen zu züchten.

Künstliche Selektion, Pflanzen- und Tierzucht, Abb. Seite 49

Die *Selektionstheorie* arbeitet in der von *Darwin* konzipierten Form demnach mit zwei unabhängigen Faktoren:

Die 2 unabhängigen Faktoren der Selektionstheorie

der ungerichteten erblichen Variation der Organismen,

der Selektion, die unter der Fülle der richtungslosen erblichen Varianten der Organismen jene bevorzugt, die für deren Lebensbedingungen die größere Eignung und damit die bessere Anpassung aufweisen.

Die Grundzüge der Darwinschen Selektionstheorie haben sich als richtig erwiesen. Auch heute sehen wir in der natürlichen Selektion einen der wichtigsten Evolutionsfaktoren. Freilich hat die Selektionstheorie vor allem durch die Erkenntnisse der Vererbungslehre, die zu Darwins Zeiten noch nahezu völlig fehlten, eine enorme Ausweitung erfahren. Wir werden daher auf die Bedeutung der Selektion noch einmal zurückkommen.

Die Grundlagen der Vererbungsregeln entdeckte Gregor Mendel erst 1865

Evolutionsgenetik

Evolution ist ein Prozeß, der dazu führt, daß die Nachkommen im Laufe der Generationenfolge *andersartig* als ihre Vorfahren werden. Sie entsteht durch das Zusammenwirken mehrerer Faktoren. Die wichtigsten dieser Evolutionsfaktoren sind: die Mutabilität und die Selektion.

Die wichtigsten Evolutionsfaktoren

Die Mutabilität

Für die Evolution spielen nur erbliche Eigenschaften eine Rolle, da es sich um einen in der Generationenfolge ablaufenden Prozeß handelt. Voraussetzungen für das Ablaufen einer Evolution sind daher Unterschiede in den Erbeigenschaften der Individuen einer Population. Unter einer *Population* versteht man eine Gruppe von Individuen (derselben Art), die

Die Population als Fortpflanzungsgemeinschaft

zu gleicher Zeit im gleichen Raum leben und sich potentiell miteinander sexuell fortpflanzen können. Die Population ist also eine Fortpflanzungsgemeinschaft.

Mutationsrate: Häufigkeit einer Mutation eines Genortes pro Generation oder pro Gamet

Die wesentlichen erblichen Eigenschaften der Organismen finden sich in den *Genen* auf den *Chromosomen* verankert. Durch *Mutationen* entsteht zu einem bestimmten Gen sein sog. *Allel* (das „veränderte" Gen). Da ein Gen in mehr als nur einer Weise mutieren kann, können mehrere Allele eines Gens existieren *(mutiple Allele)*. Man kennt von manchen Genen bis zu 50 Allele.

Da die Mehrzahl der sich sexuell fortpflanzenden Organismen einen doppelten Chromosomensatz aufweist (diploid ist), kann jedes Individuum nur Träger von höchstens zwei verschiedenen Allelen eines Gens sein (außer bei Polyploidie). Die Anzahl aller Gene eines Organismus (sein *Genotypus*) ist hoch. Man schätzt je nach Art über 100 000 bis zu einer Million Gene. Obwohl die spontane *Mutationsrate* für ein einzelnes Gen relativ niedrig liegt (bei 10^{-4} bis 10^{-6} pro Gen pro Generation), ist bei der großen Anzahl von Genen die Wahrscheinlichkeit, daß *irgendeine* Mutation bei einem Organismus auftritt, relativ hoch. So weisen bei der Fliege *Drosophila* 2 bis 3 % der Individuen in jeder Generation irgendeine neue Mutation auf. Beim Menschen rechnet man sogar damit, daß 10–40 % der Keimzellen in jeder Generation ein neu mutiertes Gen aufweisen. Durch experimentelle Eingriffe läßt sich die Mutationsrate beträchtlich steigern, ein Tatbestand, der in der modernen Kulturpflanzenzüchtung eine Rolle spielt, da dadurch die Anzahl genetischer Varianten erhöht wird und dann vermittels gezielter Kreuzungen und Auslese neue erwünschte Eigenschaften an Kulturpflanzen erzielt werden können. Man kann mit verschiedenen Methoden *Mutationen induzieren*.

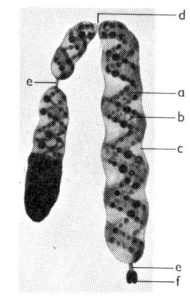

Chromosom; Schema vom Chromosomen-Feinbau: **a** Chromonema, bereits in 2 Chromatiden gespalten, darauf **b** die Chromomeren, **c** Matrix, **d** Centromer, **e** sekundäre Einschnürungen, **f** Satellit

1. durch hohe Temperaturen, wobei eine Temperaturerhöhung um 10° C die Mutationsrate um das 2- bis 5fache steigern kann,
2. durch Bestrahlung mit Röntgenstrahlen, Neutronen oder ultraviolettem Licht,
3. durch Mutationen auslösende *(mutagene) Substanzen*, als welche u. a. Senfgas, Formalin, Urethan, salpetrige Säure und Colchicin wirken. Colchicin ist das Gift der Herbstzeitlose, das hemmend auf den für die Verteilung der Chromosomen in der Zellteilung wichtigen Spindelapparat wirkt und daher zur Erzeugung von Polyploidie führt.

Induktion von Mutationen durch
Temperatur
Strahlung
Chemikalien

Polyploidie, Seite 87

Parallelmutationen

Rückmutationen

Mutationsdruck

Selektionsdruck

Harmonie der Gene, vgl. Epigenotypus, Seite 37

Polygenie

Die mit solchen Eingriffen induzierten Mutationen haben vielfach die gleichen Effekte, die auch von natürlichen (spontanen) Mutanten bekannt sind, stellen also *Parallelmutationen* dar. Im Hinblick auf die spontanen Mutationen lassen sich *labile Gene,* die relativ häufiger, und *stabile Gene,* die seltener mutieren, unterscheiden. Durch Mutationen kann ein Allel auch wieder in seinen „Ausgangszustand" zurückgeführt werden, was man als *Rückmutation* bezeichnet. Die Summe der in einer Population jeweils auftretenden Mutationen stellen den *Mutationsdruck* dar, der zur genetischen Veränderung der Population „drängt". Ihm steht der von der natürlichen Auslese (Selektion) gesetzte *Selektionsdruck* gegenüber, der u. a. ungünstige Mutationen wieder ausmerzt. Die Mehrzahl der in einer Population auftretenden Mutationen haben ungünstige Effekte. Dies ist schon daraus verständlich, daß die heute lebenden Organismen bereits eine lange Evolution hinter sich haben und in dieser Zeit die aufgetretenen günstigen Mutationen bereits in ihr Erbgut „eingebaut" worden sind und daher die Mehrzahl der neu auftretenden Mutationen Störungen in der kompliziert aufeinander abgestimmten „Harmonie der Gene" eines Organismus hervorrufen. Die meist negativen Auswirkungen neuer Mutationen stellen daher gewissermaßen den Preis dar, den eine Population dafür bezahlt, wandlungsfähig zu bleiben, d. h. weiter Evolution durchführen und somit auf Änderungen der Umweltbedingungen reagieren zu können. Die relativ niedrige spontane Mutationsrate ist daher selbst ein Produkt der Selektion, wobei hervorzuheben ist, daß es Gene gibt, die die Mutationsrate einiger anderer Gene beeinflussen und teilweise um das 10fache steigern können *(Mutatorgene).* Neu aufgetretene Mutanten sind meist rezessiv, d. h., sie wirken sich in der Kombination mit dem unmutierten Allel (also im heterozygoten Zustand) im Phänotypus nicht aus. Im Gegensatz dazu sind „alt bewährte" Mutanten, die bereits weit verbreitet in der Population vorkommen, meist dominant. Im Laufe der Evolution können also ursprünglich rezessive Mutanten dominant werden, wobei man eigene Gene kennt, die das Dominantwerden anderer Gene bewirken *(Modifikatorgene).*

Durch das Auftreten von Mutationen wird die Anzahl der verschiedenen Allele in einer Population erhöht. Da eine bestimmte Eigenschaft eines Organismus in der Regel durch das Zusammenwirken mehrerer Gene bedingt wird *(polygene*

Eigenschaften) und dasselbe Gen Auswirkungen auf die Ausbildung mehrerer Eigenschaften haben kann *(pleiotrope Genwirkung, Polyphänie)*, sind die verschiedenen Gene in einem Organismus in mannigfaltiger Weise miteinander verflochten (in Wechselwirkung) und bauen einen in seinem Zusammenwirken ausbalancierten *Epigenotypus* auf.

Pleiotropie oder Polyphänie

Der Epigenotypus ist die Gesamtheit der Wechselwirkungen der Gene in einem Organismus

Als BEISPIELE FÜR POLYGENIE seien angeführt: Die Augenfarbe wird bei *Drosophila* von ca. 30 verschiedenen Genen gesteuert; beim *Mais* sind an der Synthese des Farbstoffs Chlorophyll über 20 verschiedene Gene beteiligt und für die Ausbildung der Geißel bei der einzelligen Alge *Chlamydomonas* sind bislang über 10 verschiedene Gene als beteiligt erkannt. *Die Pleiotropie der Gene* zeigt sich z. B. darin, daß bei *Drosophila* eine einzige Mutation folgende Eigenschaften verändert: Mißbildung der Flügel (Stummelflügeligkeit), Rudimentation des 3. Gliedes der Halteren, Schrägstellung einiger sonst aufrecht stehender Borsten des Körpers, Verringerung der Eizahl pro Gelege, Verkürzung der durchschnittlichen Lebensdauer, Verringerung der Konkurrenzfähigkeit der Larven in Massenkulturen.

Beispiele für Polygenie und Pleiotropie

Wichtig für weitere evolutionstheoretische Erörterungen ist, daß Mutationen *zufällige* Ereignisse sind. Die *Zufälligkeit* der Mutationen besteht darin, daß sich nicht voraussagen läßt, welches Gen als nächstes und in welcher „Richtung" mutiert, d. h., es besteht keine Beziehung zwischen bestimmten Umweltbedingungen und der durch eine Mutation entstehenden neuen Eigenschaft, Mutationen stellen also keine „gerichteten" Antworten oder Anpassungen an eine gegebene Umweltsituation dar. Die künstlich durch Temperaturerhöhung induzierten Mutationen führen daher auch nicht zu Phänotypen, die höhere Temperaturen vertragen, sondern zu unvoraussagbaren Änderungen im Phänotyp; Entsprechendes gilt für durch UV-Licht induzierte Mutationen. Zusammenfassend können wir sagen, daß durch Mutationen die genetische Variabilität einer Population in ungerichteter Weise erhöht (und gegenüber dem Selektionsdruck aufrechterhalten) wird. Da Evolution mit der erblichen Variabilität der Individuen einer Population „arbeitet" und von ihr abhängt, stellen Mutationen einen wichtigen Evolutionsfaktor dar.

Die Zufälligkeit der Mutation

Mutationen halten die genetische Variabilität einer Population aufrecht

Die Mutabilität ist jedoch nicht der einzige Lieferant für die genetische Variabilität in einer Population. Eine außerordentliche Rolle spielt auch die immer wieder neue Kombination (Rekombination) der Erbanlagen beim Prozeß der sexuellen Fortpflanzung.

Die Kombination der Gene und die Bisexualität

Die Tatsache, daß es multiple Allele gibt und die Mehrzahl der sich geschlechtlich fortpflanzenden Organismen diploid ist und folglich in ihren doppelten Chromosomensatz höchstens 2 verschiedene Allele eines Gens besitzen können, bedingt, daß ein Individuum immer nur über einen Bruchteil der in einer Population vorhandenen Allele verfügt. Im Prozeß der sexuellen Fortpflanzung werden die in einer Population vorhandenen Gene immer wieder neu kombiniert, so daß ständig neue und unterschiedliche Genotypen entstehen, worauf wesentlich die genetische Variabilität einer Population beruht. Die Gesamtheit aller Gene und Allele in einer Population (und nur diese verfügt über diese „Gesamtheit") nennen wir den *Genpool.* Jedes einzelne Individuum der Populationen kann immer nur einen Bruchteil der Allele des Genpools mit sich führen. Die Tatsache, daß definitionsgemäß die Mitglieder einer Population bei der sexuellen Fortpflanzung Gene miteinander austauschen können, bedingt auf der einen Seite, daß die Angehörigen einer Population einander gleichen (so daß wir sie aufgrund ihrer übereinstimmenden Eigenschaften als Angehörige derselben Art erkennen), und führt andererseits durch Erstellung immer wieder neuer genetischer Kombinationen zur genetischen Variabilität. Auf diese beiden wichtigen Folgen der bisexuellen Fortpflanzung ist es zurückzuführen, daß die überwiegende Mehrzahl der Organismen Bisexualität zeigen und nur relativ wenige Arten und isolierte Gruppen (wie z.B. innerhalb der Rädertiere, *Rotatorien*, die Gruppe der *Bdelloiden*) sekundär auf diesen „evolutionistisch günstigen" Mechanismus „verzichten" und sich ausschließlich ungeschlechtlich (z.B. unter den Einzellern viele tierische Flagellaten und Amöben) oder parthenogenetisch (durch Jungfernzeugung, also eingeschlechtlich) fortpflanzen.

Auch Rekombination der Erbanlagen bei der Sexualität ist ein zufälliger Prozeß. So bleibt es in der Reifeteilung, die zur Eizelle führt, dem Zufall überlassen, welche Gene (Allele) in den Kern der Richtungskörper gelangen und damit verlorengehen und welche im Eikern verbleiben und damit in die nächste Generation überführt werden können. Weiter ist es

38

vom Zufall abhängig, welches der zahlreichen Spermien eines Männchens, die nach erfolgter Reifeteilung genetisch verschieden sind, ein Ei befruchtet und welche (die Mehrzahl) zugrunde gehen. Man bedenke in diesem Zusammenhang daß Individuen in zahlreichen Genen mischerbig (heterozygot) sind. Die Zahl der genetisch verschiedenen Geschlechtszellen, die ein diploides Individuum in der Reifeteilung (Meiose) herstellen kann, ist abhängig von der Zahl der heterozygot vorliegenden Gene (n) und beträgt entsprechend 2^n. Bei Heterozygotie (Mischerbigkeit) in einem Allelenpaar entstehen dementsprechend 2^1, d. h. 2 Sorten von Keimzellen, bei Heterozygotie in zwei Allelenpaaren entsprechend $2^2 = 4$ Sorten von Gameten. Bei der (noch relativ geringen) Zahl von 20 heterozygot vorliegenden Genen ergibt das bereits 1 048 576 genetisch verschiedene Gameten. Das bedeutet, daß ein Mann, der in 30 Genen heterozygot ist, in einem Samenerguß (ca. 200 Millionen Spermien) mit hoher Wahrscheinlichkeit lauter verschiedene und nur mit geringer Wahrscheinlichkeit zwei genetisch identische Spermien für eine Befruchtung bereitstellt. Das zeigt, welch ungeheure Kombinationsmöglichkeiten von Genen in einer Population gegeben sind, aber auch, daß faktisch jedes Individuum in einer bisexuell sich fortpflanzenden Population im Hinblick auf die spezifische Kombination seiner Erbanlagen eine Einmaligkeit, ein „Unikum" darstellt. Rekombination der Gene in der bisexuellen Fortpflanzung stellt also für die Auslese (Selektion) eine enorme Zahl genetisch differenter Genotypen (Individuen) zur Verfügung. Die riesige Zahl möglicher Kombinationen von Genen zeigt auch, daß in einer Population bei weitem nicht alle möglichen Kombinationen vertreten sein können.

Die genetische Entwicklung von Populationen (Populationsgenetik)

Die Gesamtheit der Gene einer Population stellen den Genpool dar, er liefert die Grundlage für die möglichen Genkombinationen. Das einzelne Individuum ist nur ein kurzzeitig existierendes (sterbliches) „Gefäß" für einen Bruchteil der Gene des Genpools. Aus diesen Gründen ist nicht das einzelne Individuum, sondern die Population die „Evolutionseinheit", an der sich gewissermaßen Evolution abspielt. Die Häufigkeit, mit der bestimmte Allele in einer Population ver-

Kombination der Gene in den Geschlechtszellen

Bei vielen Arten liegen von bis zu 40% aller Genloci Allele vor. Ihre Populationen sind also genetisch sehr polymorph

Bei bisexuell sich fortpflanzenden Organismen hat jedes Individuum eine spezifische Genkombination

Die Population ist die „Evolutionseinheit"

39

treten sind, bezeichnen wir als *Allelenfrequenz.* Neben seltenen Genen mit geringer Frequenz, z. B. solchen, die durch Mutationen erst vor kurzem entstanden sind, gibt es u. a. andere (altbewährte) Gene mit sehr hoher Frequenz, die allen oder fast allen Individuen einer Population zukommen. *Evolution läuft ab, wenn sich die Allelenfrequenzen in einer Population im Laufe der Generationenfolge, also in der Zeit, verändern.* Mit der Veränderung der Allelenfrequenzen wandeln ja auch die Eigenschaften in einer Population langsam ab. Diese genetischen Vorgänge im Bereich von Populationen untersucht die Populationsgenetik.

Das Hardy-Weinberg-Gesetz

Hardy-Weinberg-Formel, 1908 unabhängig voneinander aufgestellt von dem engl. Mathematiker Sir G. F. Hardy und dem deutschen Arzt W. Weinberg.

Als Ansatzpunkt für populationsgenetische Untersuchungen und Berechnungen dient die sogenannte *ideale Population;* sie muß folgende (unter natürlichen Verhältnissen nicht gegebene, s. u.) Voraussetzungen erfüllen:

1. Es dürfen in ihr *keine Mutationen* auftreten.
2. Die Population muß so groß sein, daß der *Zufall keine Rolle* spielt (theoretisch unendlich große Population).
3. Die Wahrscheinlichkeit für die Paarung beliebiger verschieden-geschlechtlicher Partner muß gleich groß sein – es muß also *Panmixie* herrschen –, und die dabei gezeugten Nachkommen müssen gleich häufig sein (gleiche Fruchtbarkeit).
4. Jedes Gen und jede Genkombination muß ihrem Träger die *gleiche* „Eignung" verschaffen, d. h., es gibt *keine Selektion.*

Panmixie

Für die genetische Situation einer solchen ,*idealen Population',* deren Gene nach den Mendelregeln verteilt und kombiniert werden, gilt das nach ihren Entdeckern sogenannte *Hardy-Weinberg-Gesetz.* Es besagt, daß die vorhandenen Genfrequenzen *(Allelenfrequenzen)* in einer idealen Population in ihren Proportionen *(Allelenproportionen)* in der Generationenfolge konstant bleiben. Man kann daher von einer Statik der idealen Population oder von einer Gleichgewichtsverteilung der Genotypen in ihr sprechen.

Statik der idealen Population

Gehen wir von nur einem Allelenpaar aus, das dominant (A) und rezessiv (a) vorliegt, dann muß A + a = 100 % sein, was wir als 1 setzen.

Sind A und a gleich häufig, also jeweils zu 50 % vertreten,

können wir ihre Häufigkeit als 0,5 setzen. Bezeichnen wir nun die Häufigkeit (Allelenfrequenz) von A mit p und die von a mit q, so sind also: p (= 0,5) + q (= 0,5) = 1. Kombinieren wir diese Allele (in der sexuellen Fortpflanzung), so ergibt sich (bezogen auf ihre Häufigkeit): (p + q) · (p + q) = $(p + q)^2 = p^2 + 2pq + q^2$. Setzen wir die Ausgangshäufigkeiten ein, so erhalten wir:
$0,5^2 + 2 · 0,25 + 0,5^2 = 0,50 + 0,50 = 1$, d.h., die Frequenz von A und a ist gleich (0,5 = 50%) geblieben. Dies gilt selbstverständlich auch für jede andere Genhäufigkeit, z.B. wenn A mit 60% und a mit 40% vorliegen, als p = 0,6 und q = 0,4 sind.

$p_{(A)} + q_{(a)} = 1$
$(p + q)^2 = 1$
$p^2_{(AA)} + 2pq_{(Aa)} + q^2_{(aa)} = 1$

Je häufiger ein Gen in einer Population vertreten ist (je höher seine Frequenz), desto geringer ist der Prozentsatz dieses Gens, der in heterozygoter Kombination (als Aa) vorliegt, während umgekehrt seltenere Gene mit höherer Wahrscheinlichkeit heterozygot vertreten sind.

Seltene Gene sind in der Population mit hoher Wahrscheinlichkeit heterozygot vertreten

Nach dem Hardy-Weinberg-Gesetz bleiben, wie wir sahen, die Proportionen der Allelenfrequenzen über die Generationen hinweg konstant, und das heißt, es findet keine Evolution statt. In der Natur sind die für eine „ideale Population" geforderten Bedingungen nicht gegeben. Jede Abweichung von diesen Bedingungen stört also die genetische Gleichgewichtslage dieser Population. Alle diesbezüglichen „Störfaktoren" können wir daher auch als *Evolutionsfaktoren* bezeichnen. Ihnen wollen wir uns im folgenden Kapitel zuwenden.

Die Evolutionsfaktoren

Bei der Darstellung der Evolutionsfaktoren beziehen wir uns auf die obengenannten Voraussetzungen für den Aufbau einer „idealen Population". Wir betonten schon, daß sie in natürlichen Populationen nicht erfüllt sind, denn:
1. *Mutationen* treten auf. Sie liefern das „Rohmaterial" für die Evolution und stellen daher einen basalen Evolutionsfaktor dar.
2. Populationen sind nicht unendlich groß, und damit kommt der *Zufall* als Evolutionsfaktor ins Spiel. Einmal dadurch, daß rein zufällig (d.h. unabhängig von ihrer Eignung) bestimmte Individuen, z.B. durch Katastrophen (in einem Unwetter oder durch Blitzschlag usw.), umkommen (= *Elimination*, im Gegensatz zur Selektion). Sind solche Individuen zufällig Träger seltener Allele, so verschwinden diese dadurch aus

Zufall als Evolutionsfaktor

41

Zufall, Seite 38 und 39

dem Genpool. Auf den Zufall, der bei der Bildung der Keimzellen und bei der Befruchtung wirkt, ist schon hingewiesen worden. Ein Beispiel soll dies verdeutlichen. Gehen wir von einem heterozygoten Tier Aa aus, bei dem a das durch Mutation neu entstandene Allel darstellen soll. Als Geschlechtspartner fungiert ein homozygotes Tier (ohne die Mutante a), also AA. Die Kombination Aa mal AA ergibt nach den Mendelschen Regeln Nachkommen, die zu 50 % AA und zu 50 % Aa aufweisen (AA : Aa = 1 : 1). Erzeugt dieses Paar jedoch nur 2 Nachkommen (oder bleiben nur 2 am Leben; d. h. so viele, daß sie die Eltern zahlenmäßig ersetzen), dann ist in 50 % der Fälle eines der beiden Nachkommen AA, das andere Aa, d. h., es ergibt sich dieselbe Situation wie bei den beiden Eltern. In 25 % der Fälle haben *beide* Nachkommen jedoch die Konstitution AA, d. h., das Allel a ist verlorengegangen; in 25 % der Fälle dagegen haben *beide* Nachkommen die Konstitution Aa, d. h., die Frequenz von a hat sich verdoppelt. In einem solchen Fall entscheidet also allein der Zufall darüber, ob ein Allel (a) in der nächsten Generation völlig fehlt oder doppelt so häufig vorliegt als zuvor. In sehr kleinen Populationen kann daher der Zufall eine beträchtliche Rolle bei der Änderung von Genfrequenzen spielen, ein Phänomen,

Gendrift =
Sewall-Wright-Effekt

das man als *Gendrift* oder nach seinem Entdecker *Sewall-Wright-Effekt* bezeichnet. Ein solch zufälliger Genverlust oder eine entsprechende Genanreicherung spielt vor allem bei der Kolonisation neuer Gebiete, die häufig von wenigen „Gründerindividuen" aus zum Aufbau neuer Populationen führt, eine große Rolle, da diese Gründer natürlich nur einen (zufälligen) Bruchteil der Allele des Genpools der Stammpopulation in die neue Population einbringen können (darunter auch seltene Allele), diese jedoch dort sehr rasch große Häufigkeit erreichen können.

3. In einer natürlichen Population herrscht *keine Panmixie,* da die Wahrscheinlichkeit, daß benachbart lebende Individuen miteinander kopulieren und Gene austauschen, größer ist, als dies für weiter entfernt voneinander lebende Individuen der Fall ist. Daher ist jede über ein größeres Areal verteilte Population (etwa die Amseln einer Stadt) in gewissem

Deme sind **lokale** Populationen, in denen Panmixie herrscht. Deme sind jedoch „offene genetische Systeme", da sie im Genaustausch mit anderen Demen der gleichen Art stehen

Umfang in kleinere Lokalpopulationen (sogenannte *Deme*) unterteilt (z. B. in die jeweils verschiedene Parkanlagen, Friedhöfe und Gärten besiedelnden Amseln). Solche Deme sind in gewissem Umfang voneinander separiert, d. h., der Genaustausch innerhalb der Deme ist weit größer als der zwischen ihnen. Es herrscht innerhalb der Deme also eine gewisse *Inzucht,* was zu genetischen Unterschieden zwischen den Teilpopulationen (Demen) führt. Durch *Separation* wird die Panmixie also eingeschränkt oder unterbunden, und Separation ist daher ein wichtiger Evolutionsfaktor.

Separation, Seite 72

4. Nicht jeder Genotyp (eine bestimmte Genkombination eines Individuums) verleiht seinem Träger die gleiche Eignung. Folglich findet eine Bevorzugung günstiger und eine Benachteiligung ungünstiger Genotypen statt, und das ist es, was wir als *Selektion* bezeichnen. Da jedes Individuum genetisch ein Unikum ist, hat sie reichlich Material zur Verfügung. Da die natürliche Auslese (Selektion) den bedeutendsten Evolutionsfaktor darstellt, wollen wir ihr ein eigenes Kapitel widmen.

Selektion

Die Selektion

Wie wir gesehen haben, sind Mutationen und Kombination von Genen bei der bisexuellen Fortpflanzung „zufällige" Ereignisse. Der Evolutionsablauf kann jedoch nicht zufällig sein, sonst wäre die Entstehung der zweckmäßigen Eigenschaften der Organismen und die „Vervollkommnung" ihrer Anpassungen im Laufe der Phylogenie nicht zu verstehen. Der einzige Evolutionsfaktor, der in das durch „zufällige" Mutation und Rekombination gelieferte „Rohmaterial" eine „Richtung" bringt, d.h. gerichtet auf zunehmende Adaptation hin „arbeitet", ist die natürliche Auslese, die Selektion.

Die Selektion als ausrichtender Faktor in der Evolution

Während *Darwin,* als Begründer der Selektionstheorie, im „Kampf ums Dasein" vor allem an das *Überleben des Geeignetsten* und an das *Absterben des weniger Geeigneten* dachte, haben wir heute eine differenziertere Vorstellung vom Wirken der Selektion und sehen in ihr einen mehr *statistischen Prozeß.* Schon *Darwin* selbst hat jedoch darauf hingewiesen, daß sein Begriff vom „Kampf ums Dasein" mehr im Sinne eines Konkurrenzkampfs zu verstehen sei und nicht einen Kampf mit Zähnen und Klauen darstelle. Allein die Tatsache, daß auch die Evolution der Pflanzen, die im üblichen Sinne des Wortes gar nicht miteinander kämpfen können, der natürlichen Selektion unterliegen, legt das nahe. Dennoch ist kaum ein wissenschaftlicher Begriff in unheilvollerer Weise mißverstanden worden wie der vom „Kampf ums Dasein", der zu einer Glorifizierung des „Rechts des Stärkeren" geführt und bis in die menschliche Soziologie hinein *(Sozialdarwinismus)* Auswirkungen hatte. *In Wirklichkeit geht es*

Darwins Selektionstheorie, Seite 33

Der „Kampf ums Dasein"

bei der Selektion jedoch weniger um Leben und Tod, als vielmehr um den Beitrag, den ein bestimmtes Individuum zum Genbestand der nächsten Generation liefert. Selektionsbegünstigt ist daher derjenige Genotyp, der den größeren Anteil an Genen in den Genpool der nächsten Generation einbringt und dessen Gene daher in höherer Frequenz vorliegen als die eines anderen (selektionsbenachteiligten) Genotyps. Individuen mit günstigen Eigenschaften werden *im*

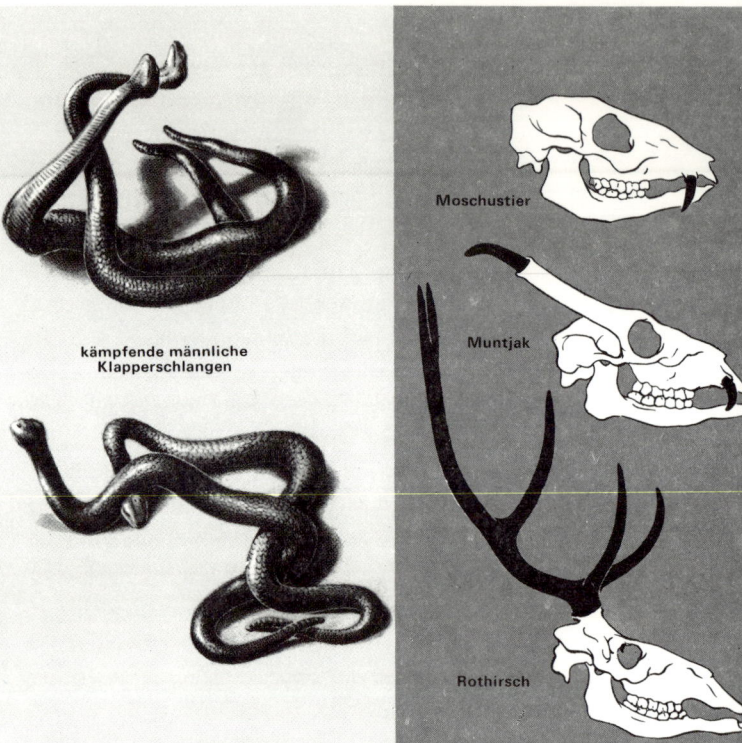

Selektion und innerartlicher Kampf

Kämpfe zwischen Artgenossen sind meist Rivalenkämpfe um ein Weibchen oder ein Revier. Sie sind bei vielen Wirbeltieren »ritualisiert« und so »harmlos« gemacht.

Klapperschlangen setzen im Rivalenkampf nicht die Giftzähne ein. Es findet vielmehr ein »Ringkampf« statt, bei dem das stärkere Männchen das schwächere zu Boden drückt, worauf dieses aufgibt und unverletzt das Feld räumt.
Bei den primitivsten noch lebenden *Hirschen*, den *Moschustieren*, fehlt ein Geweih. Der Eckzahn des Oberkiefers ist als Waffe entwickelt, der im innerartlichen Kampf eingesetzt wird und Verletzungen hervorrufen kann. Im Laufe der Evolution wurde ein zunächst noch einfaches Geweih entwickelt, neben dem, wie beim *Muntjak*, der Eckzahn erhalten sein kann. Die höchstentwickelten Hirsche (z. B. *Rothirsche*) haben ein mit Sprossen versehenes Geweih, das im Rivalenkampf eingesetzt wird; der Eckzahn ist jedoch völlig reduziert.

kämpfende männliche Klapperschlangen

Moschustier

Muntjak

Rothirsch

Durchschnitt (statistisch) mehr Nachkommen hervorbringen, die ihrerseits wieder geschlechtsreif werden, als Individuen mit weniger guten Anpassungen.
Die Selektion führt also zu einer unterschiedlichen Bewertung der Genotypenträger (Individuen mit einem spezifischen Genbestand). Selektion hat demnach stattgefunden, wenn *nicht zufällig*, sondern in Abhängigkeit von der Eignung, bestimmte Genotypen mehr Nachkommen hervorgebracht haben als andere Genotypen. Auf diese Weise führt Selektion zum Anwachsen bzw. Absinken der Frequenz bestimmter Gene in der nächsten Generation und damit zu einer

gerichteten Veränderung der Genfrequenz in der Generationenfolge – und genau das ist Evolution.

Der Nachteil, den ein Genotyp durch die Selektion erfährt, wird durch den *Selektionskoeffizienten* „s" ausgedrückt. Ist der Genotyp (repräsentiert durch ein Individuum) nicht benachteiligt – findet keine Selektion statt, dann ist s = 0. Tritt *totale* Selektion ein, d. h., kann der betreffende Genotyp keine Nachkommen hervorbringen, dann ist s = 1.

Selektionskoeffizient

Der Selektionskoeffizient ist also ein Maß dafür, mit welcher Stärke ein Genotyp (und damit die in ihm vertretenen Gene) zurückgedrängt wird *(Selektionsdruck)*. Gehen wir wieder von 2 Allelen A und a aus, die zunächst gleich häufig seien, also A : a = 1 : 1. Wenn nun in einer Population (mit vielen Individuen) 100 Gene A, aber nur 99 Gene a in die nächste Generation übertragen werden, dann gilt 1 : 1 − s = 100 : 99, folglich s = 0,01 (= der Selektionskoeffizient mit dem a zurückgedrängt, ausselektiert wird). Auf diese Weise läßt sich die Chance, mit der ein Genotyp zur nächsten Generation beiträgt, als sein *Anpassungswert* (Selektionswert, Eignung) w berechnen. Findet keine Selektion gegen ihn statt (ist er der „Beste" unter allen vorhandenen), dann ist s = 0, und wir setzen w = 1. Je nach dem Selektionsdruck sinkt sein Anpassungswert gemäß der Formel w = 1 − s. Wenn wie im obigen Beispiel s = 0,01, dann ist w = 0,99. Auf diese Weise nimmt in unserem Beispiel die Frequenz von A im Laufe der Generationenfolge zu, die von a ab, d. h., es liegt eine durch Selektion gerichtete Evolution vor. Man kann demnach von dem *positiven* und *negativen Selektionswert* von Eigenschaften sprechen. Dabei geht es keineswegs darum, wer der „Stärkere" ist, sondern z. B. darum, wer die vorhandene Nahrung am besten nutzt, Kälte oder Trockenheit am besten aushält, sich durch Flucht oder Tarnung seinen Feinden am besten entzieht, am widerstandsfähigsten gegenüber Krankheiten ist usw. Zu wirklichen Kämpfen kommt es bei Angehörigen einer Art oft nur im Zusammenhang mit der Gründung von Territorien oder Revieren und bei Auseinandersetzungen um ein Weibchen während der Fortpflanzungszeit. Bei den meisten Wirbeltieren geht es bei diesen Kämpfen jedoch keineswegs um Leben und Tod. Da das Töten eines noch schwächeren (häufig jüngeren) Artgenossen sogar einen Nachteil für die Art darstellt, sind solche Rivalenkämpfe vielfach ritualisiert und verlaufen nach angeborenen Verhaltensregeln, die eine ernsthafte Verletzung des Unterle-

Selektionsdruck

Anpassungswert = Selektionswert = Eignung
w = 1−s
s = 1−w
folglich Veränderung der Allelenfrequenz, wenn Selektion gegen a (und A dominant). Das ergibt:
$p^2_{(AA)} + 2pq_{(Aa)}$
$+ q^2_{(aa)} \cdot (1−s)$
$= 1−sq^2$
(vgl. Formel Seite 41)

Durch angeborene Verhaltensweisen „entschärfte" innerartliche Kämpfe nennt man *Kommentkämpfe*

genen weitgehend ausschließen. So setzen Giftschlangen z. B. im Rivalenkampf ihre Giftzähne nicht ein, sondern führen einen ungefährlichen „Ringkampf" aus, Raubtiere verletzen sich im Rivalenkampf in der Regel nicht ernsthaft, und bei den Hirschen ist im Laufe der Evolution das Geweih als Waffe für den typischen, meist unblutigen „Schiebekampf" entwickelt worden, während ursprünglich bei den Hirschartigen ein stark entwickelter Eckzahn im Rivalenkampf eingesetzt wurde. Selektion spielt sich immer *intraspezifisch*, also zwischen Individuen der gleichen Art ab, auch wenn als selektierende Kräfte Vertreter einer anderen Art (z. B. Räuber) auftreten. Ein Beispiel mag dies demonstrieren. Auf einer Wiese gehen zwei Mäuse (A und B) nebeneinander der Nahrungssuche nach. Ein kreisender Bussard entdeckt sie und setzt zum Sturzflug an. Maus A bemerkt ihn um Bruchteile von Sekunden früher und entkommt in ihr Loch, Maus B wird vom Bussard gegriffen. Sie wehrt sich noch ein wenig, ist jedoch bald getötet. Wenn hier ein Kampf im üblichen Sinne stattgefunden hat, dann zwischen dem Bussard und der ergriffenen Maus B. Der „Kampf ums Dasein" jedoch hat sich zwischen den beiden Mäusen A und B abgespielt, von denen B (die weniger aufmerksame oder auch langsamere) hier in recht drastischer Weise selektionsbenachteiligt war. Fassen wir die wesentliche Rolle der Selektion für das Evolutionsgeschehen zunächst zusammen:

Selektion arbeitet „gerichtet" und *nicht* zufällig (im Gegensatz zur genetischen Drift), jedoch ohne Plan, denn sie kann nur an den jeweils vorliegenden Genotypen ansetzen und für die momentan herrschenden Bedingungen wirken. Selektion arbeitet daher opportunistisch. Da sie nur an Individuen (Genotypen) mit einem ganzen Komplex von Genen ansetzen kann und da neue Eigenschaften neben bestimmten Vorteilen auch gewisse Nachteile bringen können, führt sie vielfach zu einem Kompromiß. So sind in der Evolution der Wirbeltiere aus den Reptilien, die ihre Zähne (wie auch die Fische) beliebig oft wechseln können, die Säugetiere mit nur einmaligem Zahnwechsel (vom Milch- zum Dauergebiß) hervorgegangen, wobei diese Einschränkung im Zahnersatz sicher keinen Selektionsvorteil brachte. Sie steht jedoch im Zusammenhang mit der starken Differenzierung der Zähne der Säuger (in Schneide-, Eck- und Backenzähne), die eine bessere Ausnutzung der Nahrung (kauen) ermöglichte, welcher Vorteil den damit verbundenen Nachteil offensichtlich überwog.

Hirsche, Abb. Seite 44

Eckzahn, vgl. dazu die Drohmimik, Abb. Seite 19

Beispiel für Selektion

Genetische Drift, Seite 42

Opportunismus der Selektion

Der Kompromiß bei der Selektion

46

Im Hinblick auf die von der Selektion gesteuerte Ausbildung bestimmter Organe muß berücksichtigt werden, daß Organe häufig verschiedene Funktionen erfüllen und somit dasselbe Organ verschiedenen Selektionskräften unterworfen sein kann. So dient z. B. der Schnabel etwa des Storches nicht nur dem Nahrungserwerb, er wird auch zum Nestbau, zur Gefiederpflege, als Organ der Lauterzeugung (beim Klappern) und als Signal (mit seiner roten Farbe, bei Jungstörchen schwarz) eingesetzt. Seine Ausformung stellt daher den bestmöglichen Kompromiß für die Erfüllung dieser verschiedenen Funktionen dar. Entsprechendes gilt für alle Eigenschaften eines Organismus, die mehreren verschiedenen Funktionen dienen. Schließlich kann Selektion nur Eigenschaften in ihrer Ausbildung beeinflussen, die bereits vor dem Erlöschen der Geschlechtsreife ausgebildet sind. Spät, d. h. nach dem Erlöschen der Fortpflanzungsfähigkeit, sich ausbildende Eigenschaften *(Alterserscheinungen)* unterliegen nicht der Selektion, da der betreffende Genotyp dann bereits seinen Beitrag zur nächsten Generation geleistet hat.

Alterserscheinungen unterliegen nicht der Selektion

Eine besondere Selektionssituation ergibt sich, wenn bei Vorliegen von 2 Allelen (A und a) die heterozygoten (Aa) gegenüber den Homozygoten (AA bzw. aa) bevorzugt sind. Eine solche Bevorzugung der Heterozygoten (die man als *Heterosis*-Effekt bezeichnet) ist relativ verbreitet und führt zum Erhaltenbleiben einer genetischen Variabilität, da diese Heterozygoten immer wieder in ihren Nachkommen die homozygoten Genotypen erzeugen müssen *(balancierter Polymorphismus)*. Unter diesen Umständen können selbst homozygot hochgradig selektionsbenachteiligte Allele (z. B. aa) mit hoher Frequenz in der Population erhalten bleiben. So würde selbst ein homozygot letales (als aa, also zum Tod des Individuums führendes) Gen (s = 1) mit einer Frequenz von 0,01 in der Population erhalten bleiben, wenn der Anpassungswert (w) des Heterozygoten (Aa) nur 1 % über dem der Homozygoten (AA) läge. Um die vorteilhafte heterozygote Genkombination herstellen zu können, muß in diesem Falle die Population die „*genetische Last*" tragen, immer wieder selektionsnegative Genkombinationen (die Homozygoten aa und AA) zu erstellen.

Balancierter Polymorphismus (vgl. auch Marienkäfer, Seite 48)

Genetische Last

47

SELEKTION DURCH NATÜRLICHE AUSLESE

Stabilisierende Selektion. Die Extreme einer Variationskurve eines Merkmals werden beschnitten; die am häufigsten vorhandenen Varianten sind selektionsbegünstigt. In der Generationenfolge ändert sich an der Merkmalsausbildung nichts.

Dynamische Selektion. Der Selektionsdruck wirkt nur an der einen Seite der Variationskurve; selektionsbevorzugt werden Varianten jenseits des Maximums; es erfolgt eine Verschiebung der Merkmalsausbildung in Richtung auf die selektionsbevorzugte Ausbildung.

Industriemelanismus. Auf hellen, flechtenbewachsenen Bäumen fallen hell gefärbte Exemplare des *Birkenspanners (Biston betularia)* weniger auf als dunkle. In Industriegebieten mit verrußten und flechtenfreien Baumstämmen ist es umgekehrt. Vögel fressen daher häufiger Exemplare, die sich vom Untergrund abheben. Das hat in Industriegebieten zu einer positiven Selektion auf die dunkle Variante geführt.

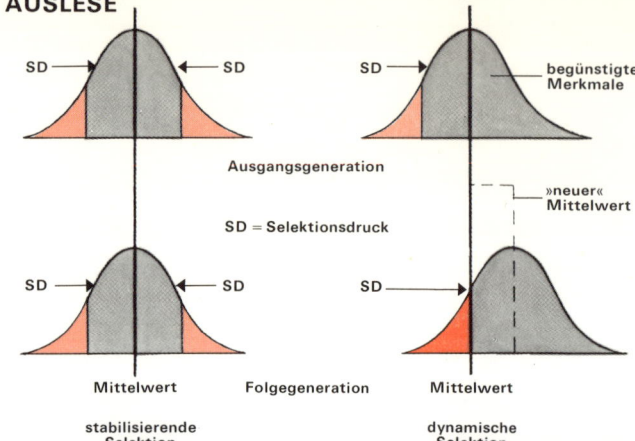

SD ← → SD   SD ← → SD   begünstigte Merkmale

Ausgangsgeneration

SD = Selektionsdruck

»neuer« Mittelwert

Mittelwert   Folgegeneration   Mittelwert

stabilisierende Selektion   dynamische Selektion

Variabilität und Selektion bei Marienkäfern

Da in einer Population einer Art eine genetische Variabilität vorliegt, wobei bestimmte Allele mit unterschiedlicher Häufigkeit vertreten sind, kann das dazu führen, daß Arten, die mehrere Generationen im Jahr durchlaufen, in den einander sich zeitlich ablösenden Populationen Unterschiede in der Häufigkeit bestimmter Gene oder Genkombinationen aufweisen, die mit bestimmten Eigenschaften (z. B. Widerstandsfähigkeit gegenüber höheren oder niedrigeren Temperaturen) korreliert sind. Da Gene jedoch pleiotrop wirken, können z. B. auch Farbvarianten gewissermaßen als Nebeneffekte solche Veränderungen in der genetischen Zusammensetzung der Population anzeigen. So ist es beim *Marienkäfer Adalia bipunctata*, der drei Generationen im Jahr durchläuft. Von dieser Marienkäferart sind verschiedene erblich-bedingte Varianten der Flügeldeckenfärbung bekannt, wobei die Tiere im wesentlichen entweder schwarze Punktmuster auf rotem Grund oder rote Punktmuster auf schwarzem Grund zeigen. Im Laufe des Sommers ist die schwarze Variante selektionsbegünstigt; der Anteil schwarzer Individuen in der Population nimmt daher von Generation zu Generation zu, so daß im Herbst beim Aufsuchen der Winterquartiere (Spalten und Ritzen in Bäumen und Mauern oder auch Räume in Häusern) die schwarzen Tiere überwiegen. Im Verlauf des Winters ist jedoch die Sterblichkeit der schwarzen Käfer größer als die der roten, so daß beim Verlassen des Winterquartieres im Frühjahr die roten Varianten häufiger als die schwarzen sind. Letztere nehmen dann im Laufe des Sommers von Generation zu Generation wieder zu.

Die Abb. zeigt die jahreszeitlichen Schwankungen in der prozentualen Häufigkeit der beiden Varianten in verschiedenen Jahren und Durchschnittswerte, jeweils getrennt für eine Generation im Frühjahr und im Spätherbst.

Frühjahrs-durchschnitt   Herbst-durchschnitt

Frühjahr 1930 Herbst
Frühjahr 1931 Herbst
Frühjahr 1933 Herbst
Frühjahr 1934 Herbst
Frühjahr 1938 Herbst

0 10 20 30 40 50 60 70 80 90 100
Häufigkeit in Prozent der »schwarzen« Variante

Die Selektion durch künstliche Auslese durch den Menschen soll an 2 Beispielen bei der Zucht von Kulturpflanzen gezeigt werden. Man beachte die Zunahme der Fruchtgröße und die zunehmende Dicke der Fruchtwand und damit auch der Fruchtqualität bei der *Tomate (Lycopersicum)*. Diese Größenzunahme ist typisch für den Übergang von der Wildform zur »modernen« Kulturform. Ein ähnliches Phänomen ist auch bei dem Beispiel der Rosenzüchtung (Abb. unten) zu beobachten.

Wildform

primitive Kulturform

heutige Kulturform

Die Veränderlichkeit einer Art unter dem Einfluß der Züchtung (durch künstliche Auslese) zeigen am Beispiel der *Rosen*-Züchtung die nebenstehenden Bilder. Ganz links eine der vielen wildwachsenden Ausgangsformen, rechts eine moderne Züchtung (eine Floribunda-Rose, die aus den erst 1875 entstandenen Polyantha-Rosen gezüchtet wurde); bei ihr ist ein Teil der Staubgefäße in Blütenblätter umgewandelt.

Die Entwicklungsreihen für einige der zahlreichen vom Menschen durch *künstliche* Auslese herausgezüchteten *Taubenrassen* gehen alle auf die wilde Stammform der Haustaube, die *Felsentaube (Columba livia)*, zurück. Es sind jeweils bekannte »Zwischenstadien« der Zucht, die sich z. T. über Jahrhunderte erstreckt, wiedergegeben. Im Falle der Perückentauben sind Jahreszahlen angegeben, die den zunehmenden Zuchterfolg im Laufe von 300 Jahren charakterisieren. Es läßt sich zeigen, daß diese Variationen durch Genmutationen bedingt sind. — Die hier dargestellte Entwicklungsreihe wurde schon von *Ch. Darwin* untersucht und bestärkte ihn in dem Gedanken, daß auch die *natürliche* Auslese zur Abwandlung von Eigenschaften führen kann.

Kropftaube

1634 1826 1938

Perückentaube

Pfauentaube

Im Hinblick auf die Wirkung der Selektion lassen sich zwei Hauptformen unterscheiden:

Stabilisierende Selektion = normalisierende Selektion (Abb. Seite 48)

DIE STABILISIERENDE SELEKTION. Die Mehrzahl der auftretenden Mutationen und einige Genkombinationen stören das durch Polygenie und Polyphänie verflochtene und ausbalancierte Genom (Gesamtheit der Gene eines Individuums) und sind daher *selektionsnegativ:* So stören bestimmte Mutationen die Genbalance so stark, daß keine funktionsfähigen Geschlechtszellen gebildet werden können, das Individuum also keine Nachkommen erzeugen kann. Manche Mutationen

Letalmutationen

führen dagegen schon zu einem Absterben des Keims *(Letalmutationen).* In beiden Fällen kommt keine Weitergabe an die nächste Generation zustande, die Selektion wirkt also sehr drastisch. Aber auch weniger starke Störungen sind natürlich selektiv benachteiligt, so daß solche Mutanten in der Population selten bleiben und schließlich aussterben. Die stabilisierende Selektion „reinigt" auf diese Weise die Population von ungünstigen Mutationen und hält eine Population auf dem erreichten „Optimum" stabil: Der Ausfall der Selektion in

Degeneration

einer bestimmten Beziehung führt daher vielfach zur *Degeneration.* So kommt es bei vielen in ständiger Dunkelheit lebenden Höhlentieren zu einer Degeneration der Augen und auch der Pigmentierung, da diesen Prozessen kein Selektionsdruck mehr entgegensteht.

DIE TRANSFORMIERENDE (DYNAMISCHE) SELEKTION. Dieser Selektionstyp kommt zur Wirkung, wenn *selektionspositive Mutationen* auftreten, welche die Eignung eines Organismus verbessern, oder wenn sich die Umweltverhältnisse in einer Weise ändern, daß der Selektionswert vorhandener Allele eine Änderung erfährt. Durch die transformierende Selektion kommt es dann zu einer gerichteten Veränderung des Genbestands der Population und damit zu einer Transformation ihrer Eigenschaften. Die Population wandelt in der Generationenfolge ab, d. h., es findet Evolution statt.
Bei Organismen mit mehreren Generationen im Jahr können sich etwa mit den Jahreszeiten die Selektionsbedingungen durch den Wandel der Umweltbedingungen (z. B. Temperatur, Feuchtigkeit) von Generation zu Generation ändern und

Vergleiche: Polymorphismus des Marienkäfers, Abb. Seite 48

daher in jeder Generation andere Genotypen bevorzugt sein. Solche Populationen sind dann in besonders auffälliger Weise „ständig in Evolution". Die Frühjahrs-, Sommer- und

Geschlechtliche Zuchtwahl, in der Regel durch die Weibchen, führt bei einer Reihe von Tierarten zu exzessiver Gestaltung männlicher Prachtkleider, so z. B. bei den *Hühnervögeln* (Pfau, Fasanen) und bei den *Paradiesvögeln*. Die prächtigen Paradiesvögel gehören zu den Arenavögeln, bei denen mehrere Männchen auf gemeinsamen Balzplätzen ihre Pracht entfalten, dort von den Weibchen aufgesucht werden, die Kopulation mit mehreren Weibchen durchführen, sich aber weder am Nestbau noch an der Jungenaufzucht beteiligen. Je mehr Aufmerksamkeit ein Männchen bei den Weibchen erregt, um so höher sind seine Fortpflanzungschancen. Die Selektion wirkt also sehr direkt auf Intensivierung der Balz und des Prachtkleides.

Interessant ist, daß durchaus unterschiedliche Gefiederpartien bei den verschiedenen Arten der Paradiesvögel Neuguineas und Nordost-Australiens jeweils in besonderer Weise am Aufbau des Prachtkleides (»Schauapparat«) beteiligt sind.

Paradisea apoda
(Göttervogel)

Paradisea rubra
(Roter Paradiesvogel)

Lophorina superba
(Kragenparadiesvogel)

Pteridophora alberti
(Flaggenparadiesvogel)

Cicunnurus regius
(Königsvogel)

Neuguinea

Australien

Blattranke
Erbse

Blattdorn
Berberitze

Sproßranke
Passionsblume

Sproßdorn
Weißdorn

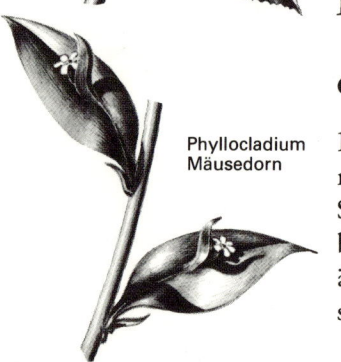

Phyllocladium
Mäusedorn

Herbstpopulationen des Marienkäfers (Adalia) sind aus diesem Grunde deutlich verschieden.

Geschlechtliche Zuchtwahl

Eine besondere Form der Auslese, auf die ebenfalls schon *Darwin* hingewiesen hat, ist die *sexuelle Selektion,* die im Grunde auf einer *geschlechtlichen Zuchtwahl* beruht. Sie findet sich vor allem bei Tieren, die eine Balz durchführen, in der mehrere Männchen um die Gunst eines Weibchens werben. Da die Bereitschaft der Weibchen, eine Begattung zuzulassen, bei vielen Tieren durch bestimmte Auslöser herbeigeführt wird und deren Wirksamkeit im Attrappenversuch nachweislich durch Übertreibung vielfach gesteigert werden kann *(überoptimaler Reiz),* wirkt ein recht unmittelbarer Selektionsdruck seitens der Weibchen in diesen Fällen auf die Steigerung solcher als Auslöser fungierender Verhaltensweisen und Strukturen. Extrem entwickelte, meist nur dem Männchen zukommende sekundäre Geschlechtsmerkmale finden so eine selektionistische Erklärung. Typische Beispiele dafür sind die Prachtkleider einiger Fische und Vögel, mit z. T. exzessiven Strukturen. Sie sind an Artgenossen adressierte Signale. Die Weibchen solcher Arten sind in der Regel schlicht gefärbt. Sie übernehmen (z. B. bei den *Paradiesvögeln*) allein die Brutpflege, so daß bei ihnen vor allem eine Schutzfärbung zur Ausbildung gekommen ist.
Neben der Anlockung und Erregung des Geschlechtspartners spielen manche der männlichen Prachtkleider auch eine Rolle für die Arterkennung, worauf wir bei den Isolationsmechanismen noch einmal zurückkommen.

Beispiele für das Wirken der Selektion

Gleichgerichtete Anpassungen

Die Organe der Lebewesen sind jeweils bestimmten Funktionen angepaßt; diese Anpassungen sind durch das Wirken der Selektion entstanden. Bei verschieden organisierten Pflanzen bzw. Tiergruppen können u. U. unterschiedliche Organe ähnliche oder gar die gleichen Funktionen übernehmen. Sie sind dann demselben Selektionsdruck ausgesetzt und entwikkeln daher in Anpassung an die gleiche Funktion auch in ihrem Bau eine oft weitgehende Ähnlichkeit. Eine solche *Anpassungsähnlichkeit*, bedingt durch gleiche Funktion, bezeichnet man als *Analogie*. Sie ist völlig unabhängig von jeglicher phylogenetischer Verwandtschaft, so daß Bildungen durchaus unterschiedlicher stammesgeschichtlicher Herkunft (also nicht homologe Bildungen) einen hohen Ähnlichkeitsgrad aufweisen können.

Während *homologe Organe* trotz gemeinsam stammesgeschichtlichen Ursprungs in Anpassung an verschiedene Funktionen durchaus unähnlich sein können (z. B. Laubblatt und Blattdorn), sind umgekehrt *analoge Organe*, der gleichen Funktion wegen, oft äußerst ähnlich gestaltet. So können typische Dornen bei Pflanzen einmal durch Umwandlung von Blättern *(Blattdornen)*, zum anderen durch Umwandlung von Seitensprossen *(Sproßdornen)* entstehen. Blattdorn und Sproßdorn sind dann typische analoge Organe. Dasselbe gilt für die *Blattranke* und *Sproßranke* oder für die typischen *Laubblätter* im Vergleich zu den *Phyllocladien*, die *blattartig* verbreitete Sprosse darstellen, aber, wie das Blatt, im Dienste der Photosynthese stehen.

Typische Beispiele für Analogie aus dem Tierreich sind die *Kameraaugen der Wirbeltiere* und *Tintenfische*, die im ausgebildeten Zustand bis in viele Details übereinstimmen, jedoch auf völlig verschiedener morphologischer Grundlage entstehen. Der Augenbecher des Wirbeltierauges entsteht durch Ausstülpung vom Zwischenhirn, während die Augenblase des Tintenfischauges eine Abschnürung der Haut darstellt. Auch viele Einzelheiten des Feinbaues weisen beträchtliche Unterschiede auf. Beide Augentypen sind einmal von der Gruppe der Wirbeltiere und zum anderen von der der Weichtiere (Mollusken, zu denen die Tintenfische gehören) völlig unabhängig voneinander entwickelt worden. In vielen Fällen können auch letztlich homologe, d. h. auf eine gemeinsame Ausgangsform zurückgehende, aber in verschiedener Richtung differenzierte Organe durch Anpassung an die gleiche Funktion sekundär wieder einander ähnlich werden. So sind die Vorderextremitäten aller Wirbeltiere letztlich aufgrund des Lagebezugs ihrer Einzelelemente einander homolog, obwohl sie z. B. bei Fischen, Fröschen, Eidechsen, Störchen und Pferden durchaus verschieden gestaltet sind. Durch *sekundäre Anpassung* ursprünglich landbewohnender Wirbeltiere an das Wasserleben können deren Extremitäten jedoch wie-

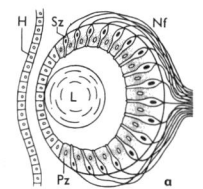

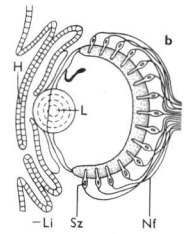

Kameraauge: **a** der Weinbergschnecke, **b** eines Tintenfisches.
H Hornhaut, L Linse, Li Lid, Nf Nervenfasern, Pz Pigmentzellen, Sz Sehzellen.

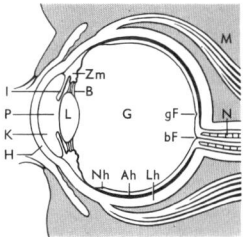

Auge: Längsschnitt durch das menschliche Auge.
H Hornhaut, K vordere Kammer, I Iris, L Linse, B Aufhängebänder der Linse, G Glaskörper, M Muskeln, Nh Netz-, Ah Ader- und Lh Lederhaut, Zm Ziliarmuskel, P Pupille, N Sehnerv, gF gelber Fleck, bF blinder Fleck.

KONVERGENZ BEI TIEREN

In Anpassung an eine ähnliche Lebensweise können unabhängig von ihrer natürlichen Verwandtschaft verschiedene Organismen eine weitgehende Übereinstimmung in der Form und Gestalt des Körpers und seiner Organe aufweisen; man spricht deswegen auch von Konvergenz.

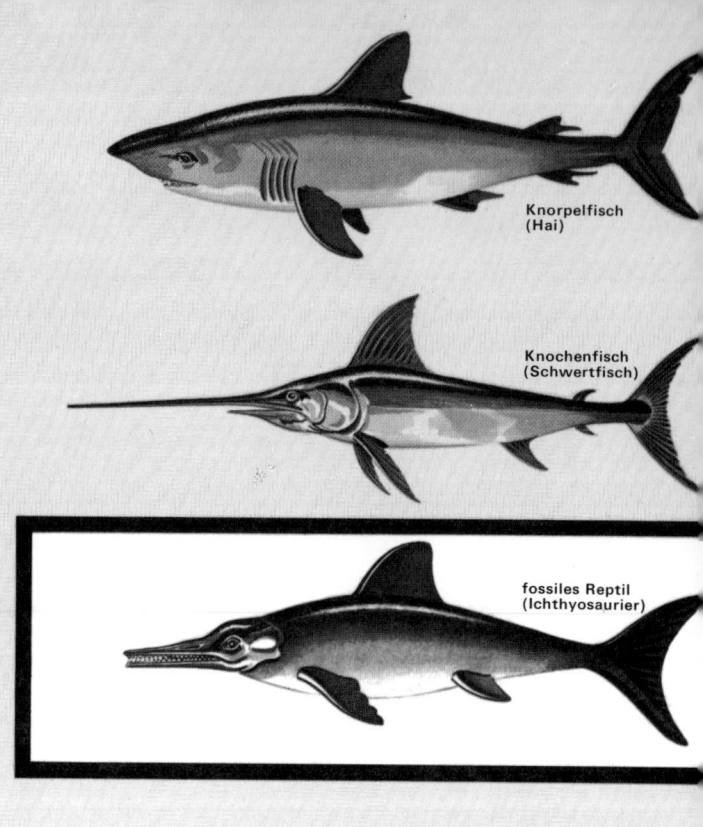

Knorpelfisch
(Hai)

Knochenfisch
(Schwertfisch)

fossiles Reptil
(Ichthyosaurier)

Als Paradebeispiel für Konvergenz, also die Formähnlichkeit als Ergebnis stammesgeschichtlicher Anpassungen an gleichartige Funktionen, gilt die »Erfindung« einer strömungsgünstigen Körperform bei verschiedenen Wirbeltieren: bei Knorpel- und Knochenfischen, Reptilien, Vögeln und Säugetieren. Die Strömungslehre kann zeigen, daß diese Körperform optimal ist, wenn im freien Meer nahe der Oberfläche sehr hohe Geschwindigkeiten erreicht werden sollen, wie sie bei diesen Tieren als schnelle Beutejäger notwendig sind.

Auf eine weitere Konvergenz ist man erst in den letzten Jahren aufmerksam geworden, sie trifft aber nicht für den Pinguin zu. Zur Erreichung hoher Geschwindigkeiten genügt nicht allein eine ideale Strömungsform, sondern auch ein effektiver Antriebsmechanismus wird benötigt. Dieser besteht bei allen angeführten Beispielen in einer typischen, halbmondförmigen Schwanzflosse. Durch Heranziehen von Erkenntnissen der Aerodynamik läßt sich unzweifelhaft zeigen, daß diese Flossenform sich offensichtlich gut für sehr schnelles Schwimmen eignet, wobei zu berücksichtigen ist, daß der Schubmechanismus ganz auf Schwanz und Schwanzflosse beschränkt ist.

Besonders bemerkenswert ist in diesem Zusammenhang die konvergente Entwicklung bei den Säugetieren, den Walen und Delphinen. Bei ihnen tritt ja, im Gegensatz zu den Fischen mit der seitlichen Ausschlagbewegung der Schwanzflosse, eine horizontale Ausschlagbewegung der Schwanzflosse auf, also eine Auf- und Abwärtsbewegung. Trotz dieser Modifikation wurde also der gleiche Antriebsmechanismus erfunden.

Vogel
(Pinguin)

Säugetier
(Delphin)

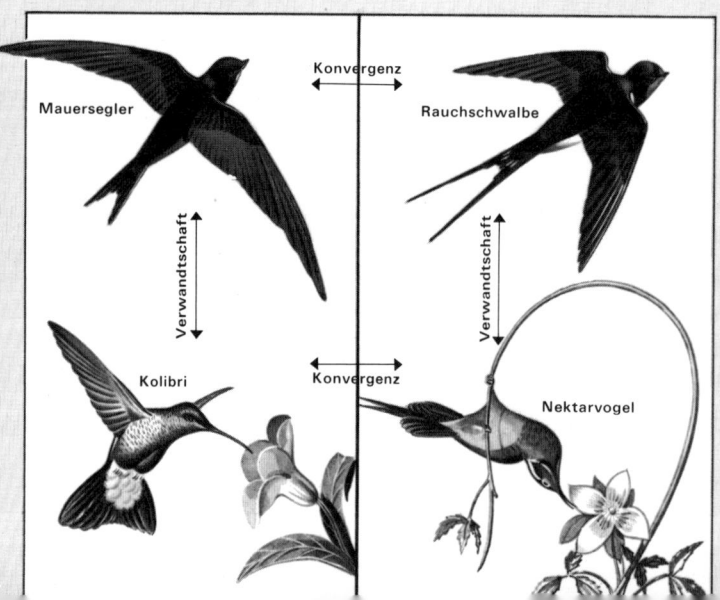

Mauersegler

Konvergenz

Rauchschwalbe

Verwandtschaft

Verwandtschaft

Kolibri

Konvergenz

Nektarvogel

Als Beispiel für *Konvergenz* bei Vögeln in Anpassung an ähnliche Nahrung und ähnliche Form des Nahrungserwerbs zeigen die Abb. links *Mauersegler* und *Rauchschwalbe* als Jäger von Fluginsekten im Flug und *Kolibri* und *Nektarvogel* als nektarsaugende Blütenbesucher.
Die verwandtschaftlichen Beziehungen zwischen den vier Vögeln sind indessen gerade umgekehrt. *Mauersegler* und *Kolibri* sind näher miteinander verwandt und stehen zusammen in der Ordnung der *Schwirrvögel (Apodiformes)*, während die *Schwalben* und die *Nektarvögel* zu der großen Ordnung der *Sperlingsvögel (Passeriformes)* gehören.

der zur *Flosse* umgestaltet werden, wie es bei *Ichthyosauriern,* *Walen* und *Pinguinen* der Fall ist. Hier liegen zwar homologe Vorderextremitäten, aber analoge, *konvergent* (d.h. unabhängig voneinander) entwickelte „Flossen" vor. Man spricht von *Konvergenz,* wenn ursprünglich unterschiedlich gestaltete Strukturen und Organe verschiedener Organismen im Laufe der Evolution durch Anpassung an die gleiche Funktion einander zunehmend ähnlicher werden.

Besonders auffallend sind Konvergenzen, wenn sie in Anpassung an eine ähnliche Lebensweise mehrere Teile der Gesamtorganisation verschiedener Organismen betreffen und so der Gesamthabitus außerordentlich ähnlich wird. Wieder liefern die „Fischgestalt" aufweisenden Körper verschiedener an das Wasserleben angepaßter Wirbeltiergruppen dafür ein Beispiel.

Ähnliches gilt für die Konvergenz von *Mauersegler* und *Schwalbe* oder etwa jene von *Kolibris* und *Nektarvögeln.* Eine Fülle von Konvergenzen zu verschiedenen Ordnungen der placentalen Säugetiere weisen schließlich die australischen *Beuteltiere* auf, die je nach Lebensweise habituell Mäusen, Maulwürfen, hunde- und marderartigen Raubtieren weitgehend gleichen können, ohne allerdings mit diesen Tiergruppen näher verwandt zu sein.

Im Pflanzenbereich zeigen eine Reihe von Pflanzen, die in Trockengebieten leben, das Phänomen der *Sukkulenz;* indem sie ihre Stämme oder Blätter zu fleischigen Wasserspeichern umbilden. Auf diese Weise entstehen konvergent „Kakteentypen" bei so verschiedenen Pflanzengruppen, wie z.B. bei den Kakteen selbst, aber auch bei *Asclepiadaceen, Euphorbiaceen* u.a.

Nicht im Zusammenhang mit der Lebensweise selbst stehen schließlich konvergent entwickelte habituelle Ähnlichkeiten bei Tieren, die *Mimese* zeigen. Darunter versteht man *Schutzanpassungen* gegen sich optisch orientierende Freßfeinde, die dadurch erreicht werden, daß das betreffende Tier in Gestalt und Farbe Gegenständen seiner Umwelt ähnelt, die den Freßfeind nicht interessieren. So ähneln eine Reihe von Tieren völlig verschiedener systematischer Stellung z.B. Laubblättern und sind auf diese Weise „getarnt".

Wir kennen Analogien bzw. Konvergenzen nicht nur aus dem morphologischen Bereich, sondern auch *analoge Verhaltensweisen* und analoge biochemische Übereinstimmungen. So stimmen die Warnlaute, die von Vögeln beim Auftauchen von

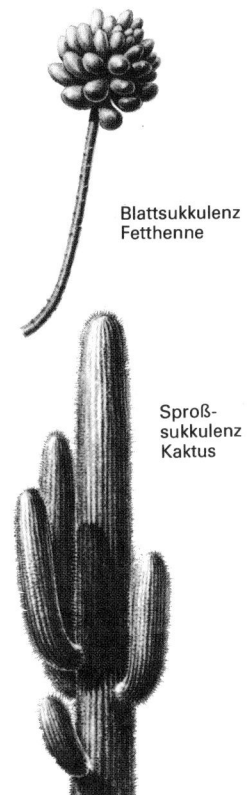

Blattsukkulenz
Fetthenne

Sproß-
sukkulenz
Kaktus

Sukkulenz bei Pflanzen,
(Abb. Seite 32)

Mimese und Mimikry,
Seite 58

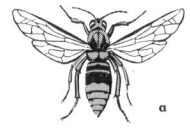

a

b

Mimikry: **a** Hornisse und
b ihr Nachahmer, der wehr-
lose Hornissenschwärmer
(Schmetterling)

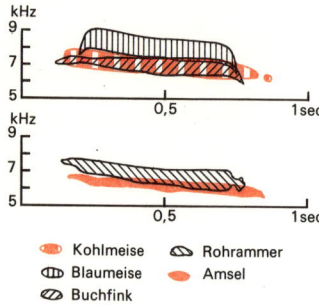

kHz
9
7
5
        0,5   1sec

kHz
9
7
5
        0,5   1sec

Kohlmeise   Rohrammer
Blaumeise   Amsel
Buchfink

Die Warnrufe sind konvergent ähnlich „strukturiert". Klangspektrogramme der Warnrufe von 5 Vogelarten.

Luftfeinden (z. B. Habicht) geäußert werden, bei vielen nicht näher verwandten Vogelarten (z. B. Amsel, Kohlmeise und Buchfink) weitgehend überein; es sind zeitlich gedehnte, ununterbrochene Laute mit hoher Frequenz und schmalem Frequenzspektrum und sind daher weit zu hören und „alarmierend", erschweren dem Feind jedoch die Ortung des Senders. Ähnliche Konvergenzen von Alarmsignalen kennt man auch von Säugetieren, wo etwa Bell-Laute außer bei hundeartigen Raubtieren auch bei Beuteltieren, Huftieren und Affen vorkommen. Auch der drohende Zischlaut ist im Tierreich konvergent weit verbreitet, nicht nur bei Schlangen, sondern auch bei manchen Vögeln (z. B. junge Meisen in der Höhle), und auch wir Menschen vertreiben etwa eine Katze mit „Sch – Sch"-Zischlauten, die klangmalerisch offensichtlich sogar von der Sprache übernommen worden sind, etwa in den Wörtern: ver*sch*euchen, englisch: to *ch*ase oder to bani*sh*; französisch: *ch*asser; italienisch: sca*cci*are (wobei das „cci" scharf als „tsch" ausgesprochen wird). Als *biochemische Analogie* (bzw. Konvergenz) kann z. B. gelten, daß unabhängig von den Säugetieren den ihren ähnliche Hämoglobine bei einigen Schnecken (z. B. *Planorbis*), Insekten *(Chironomiden)*, manchen Krebsen *(Entomostraken)* und Ringelwürmern *(Anneliden)* entwickelt worden sind.

Flugunfähige Insekten auf Inseln

Bei der *Taufliege Drosophila* und anderen Insekten treten gelegentlich Mutationen auf, die zu Reduktionserscheinungen an den Flügeln führen, wobei diese entweder völlig fehlen oder nur als funktionsunfähige Rudimente erhalten bleiben. Eine Folge dieser Flügelreduktion ist natürlich *Flugunfähigkeit*. Unter den meisten Umweltbedingungen ist das ein Nachteil; solche Mutanten werden von der stabilisierenden Selektion ausgeschieden. Auf kleineren Inseln mit ständig wehenden starken Winden werden fliegende Insekten jedoch leicht aufs Meer vertrieben und kommen so um. Auf diesen Inseln kann Flugunfähigkeit demnach ein Selektionsvorteil sein: entsprechende Mutanten werden also von der Selektion begünstigt. In der Tat findet man auf solchen Inseln (z. B. den Kerguelen) zahlreiche flugunfähige Insektenarten verschiedener systematischer Gruppen (z. B. Fliege und Schmetterling). Hier wirkt also ein *abiotischer Faktor,* nämlich der Wind, als Selektionsfaktor.

Flugunfähige Insekten
Abb. Seite 32

Interessanterweise haben auf solchen sturmreichen kleinen Inseln auch viele Pflanzen aus Gruppen, die, wie etwa die Korbblütler *(Compositen)*, Flugsamen besitzen, die Flughaare an ihren Früchten zurückgebildet.

Resistenzphänomene bei Bakterien und Insekten

Besonders deutlich läßt sich das Wirken der Selektion aufzeigen, wenn durch Änderung der Umweltverhältnisse neue Selektionsfaktoren ins Spiel kommen und somit die Wirkung transformierender Selektion einsetzt. Solche Umweltänderungen können auch durch menschliche Aktivität bedingt sein. Hierzu zählt z. B. die Anwendung von Antibiotika, die gegen Bakterien, oder Insektengiften, wie das DDT, die gegen Insekten eingesetzt werden. Sie wirken in entsprechender Konzentration tödlich. Dennoch befinden sich unter den Millionen von Individuen einer Population einige wenige, die zufällig über Mutationen verfügen, die ihnen eine *Resistenz* gegenüber diesen Stoffen verleihen. Bei dem Bakterium *Escherichia coli* konnte gezeigt werden, daß eine Mutation, die zu *Streptomycinresistenz* führt, in einer Billion von Bakterienzellen durchschnittlich einmal auftritt, und zwar auch dann, wenn kein Streptomycin auf die Bakterienkultur einwirkt, was gleichzeitig die Zufälligkeit der Mutationen im oben charakterisierten Sinne demonstriert. Unter normalen Bedingungen (kein Streptomycin vorhanden) ist eine solche Mutation bedeutungslos, d. h., sie bietet ihrem Träger keinen Selektionsvorteil und hat daher keine Chance, sich den Ausgangsformen gegenüber durchzusetzen. Bei Anwesenheit von Streptomycin erhält sie jedoch einen höchst positiven Selektionswert, da nur diese Mutanten überleben. Bei der raschen Teilungsfähigkeit der Bakterienzellen vermehrt sich eine solche resistent gewordene Zelle sehr schnell und führt zu einem streptomycinresistenten Stamm. Solche resistenten Bakterienstämme, gegen die das betreffende Antibiotikum weitgehend wirkungslos bleibt, stellen der Medizin immer wieder neue Probleme. Im Prinzip auf die gleiche Weise sind bei einer Reihe von Insekten (z. B. bei Stubenfliegen) resistente Stämme entstanden, die auf bestimmte Gifte (z. B. das DDT und andere) in den üblichen Konzentrationen nicht mehr ansprechen.

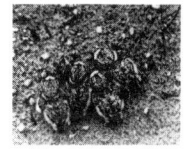

Schutztracht (von oben): Raupe des Himbeerspanners in Zweigstellung – Kiefernschwärmerpärchen – junge Flußregenpfeifer – Eier des Flußregenpfeifers – Rehkitz

Industriemelanismus bei Schmetterlingen

Mimese, Seite 55;
Abb. Seite 32 und 48

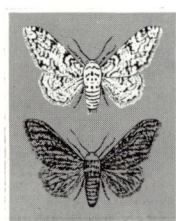

Industriemelanismus beim
Birkenspanner, oben weiße
Stammform, unten dunkle
Mutante

Melanismus: Dunkelfär-
bung der Oberfläche eines
Tieres durch das Pigment
Melanin

Industriemelanismus,
Abb. Seite 48

Ebenfalls auf durch den Menschen hervorgerufenen Umweltänderungen beruhen *Farbänderungen* bei einigen
Schmetterlingen, deren Entwicklung sehr gut untersucht ist.
Eine Reihe von Schmetterlingen weisen in Farbe und Musterung der Flügel Anpassungen an den Untergrund auf, auf dem
sie sich in Ruhe aufhalten, so daß sie von ihren Freßfeinden
vielfach „übersehen" werden (Mimese). Manche Nachtfalter,
z. B. der *Birkenspanner (Biston betularia),* ruhen tagsüber an
Baumstämmen, die von *Flechten* bewachsen sind. Sie haben
helle Flügel mit unregelmäßig verteilten, kleinen dunklen
Flecken und heben sich damit kaum vom Untergrund ab. In
Gebieten mit starker Industrieansiedlung stirbt wegen der
Verunreinigung der Luft (vor allem mit Schwefelverbindun-
gen) der Flechtenbewuchs der Stämme ab; außerdem kommt
es zu einer Verrußung und damit Dunkelfärbung der Stämme.
Auf derartig veränderter Unterlage bietet die geschilderte
Flügelfärbung keinen Sichtschutz mehr. In der Mitte des vo-
rigen Jahrhunderts traten nun erstmals in solchen Gebieten
dunkel gefärbte *(melanistische)* Exemplare dieses Schmetter-
lings auf. Diese melanistischen Formen waren unter den gegebenen Umweltbedingungen besser geschützt, d. h. wurden
relativ weniger von Vögeln entdeckt und gefressen, hatten
also einen Selektionsvorteil. Dieser hat in den letzten hundert
Jahren dazu geführt, daß die dunkle Mutante in den Industriegebieten immer häufiger wurde und heute stellenweise
die helle Ausgangsform völlig verdrängt hat. Man kennt dieses Phänomen der Ausbildung dunkler Formen in Industriegebieten, das als *Industriemelanismus* bezeichnet wird, in
ähnlicher Weise heute von ca. 70 verschiedenen Schmetterlingsarten. Auch im Falle des Industriemelanismus treten
dunkle Mutanten gelegentlich auch außerhalb von Industriegebieten vereinzelt auf. Sie sind dort jedoch von der Selektion
benachteiligt und bleiben daher selten oder werden im Laufe
der Generationen ausgemerzt.
Interessanterweise zeigt sich in den letzten Jahren in der Umgebung von Manchester (England) wieder eine Zunahme hel-
ler Falter, und zwar seit die dortigen Industrieunternehmen
Entrußungsanlagen zur Smogverringerung eingebaut haben.

Evolutionsökologie

Ein Großteil der Anpassungserscheinungen der Organismen sind *Anpassungen an bestimmte Umweltbedingungen*. Bestimmte Faktoren der Umwelt spielen daher als Selektionsfaktoren eine entscheidende Rolle. Neben *abiotischen* Faktoren der Umwelt (wie Temperatur, Feuchtigkeit, Wind, Chemismus und Strömungsgeschwindigkeit des Wassers u. a.) sind dabei *biotische*, d. h. von anderen Organismen ausgehende Wirkungen (Räuber, Parasiten, Konkurrenten) von großer Bedeutung. Vor allem *Konkurrenzphänomene* haben die Evolution der Organismen wesentlich beeinflußt. Als Konkurrenten können Artgenossen auftreten *(intraspezifische Konkurrenz)* oder Angehörige anderer Arten *(interspezifische Konkurrenz)*.

Interspezifische Konkurrenz liegt dann vor, wenn zwei Arten gleichzeitig auf dieselben wesentlichen und nur in beschränkter Anzahl vorhandenen Gegebenheiten der Umwelt (z. B. Nahrung, Nisthöhlen, Schlafplätze, Überwinterungsquartiere usw.) angewiesen sind. Solche, nur in beschränkter Anzahl vorhandene Umweltfaktoren werden beim Anwachsen der Individuenzahl einer Population (zunehmender Dichte) immer weniger häufig und geraten schließlich ins Minimum. Es sind daher *dichteabhängige Faktoren* (deren „Wirkung" mit zunehmender Dichte der Population größer wird), die von einer bestimmten Stärke der Population an kein weiteres Anwachsen derselben mehr zulassen (wenn z. B. keine Bruthöhlen mehr zur Verfügung stehen) und dadurch zu *dichtebegrenzenden Faktoren* werden. Daneben gibt es selbstverständlich Umweltfaktoren, die in ihrer Wirkung *dichteunabhängig* sind, so z. B. strenge Winter, Stürme u. dgl., die dezimierend auf eine Population einwirken, unabhängig davon, wie individuenstark sie ist. Zwei Arten, die sich in vielen wesentlichen Faktoren Konkurrenz machen, können nicht nebeneinander im gleichen Lebensraum existieren, da eine der beiden Arten der anderen, wenn auch nur geringfügig, konkurrenzüberlegen sein wird und damit diese Art verdrängt oder gar zum Aussterben bringt. Dies ist eine wichtige Erkenntnis der *Ökologie*, die zur Aufstellung des sog. *Konkurrenzausschlußprinzips (competitive exclusion principle)* geführt hat, das auch nach einigen seiner Entdecker als *Monardsches Prinzip* oder *Gause-Volterrasches Gesetz* bezeichnet wird. Folge dieses ökologischen Prinzips ist, daß die

Abiotische und biotische Umweltfaktoren

Intra- und interspezifische Konkurrenz

Dichtebegrenzende Faktoren kontrollieren das Anwachsen einer Population und werden daher auch als *kontrollierende Faktoren* bezeichnet

Zwei Arten konkurrieren miteinander, wenn sie einen oder mehrere kontrollierende Faktoren gemeinsam haben

Konkurrenzausschluß-prinzip = *Gause-Volterrasches Gesetz* (nach dem engl. Ökologen G. F. Gause und dem italienischen Mathematiker V. Volterra = Monardsches Prinzip (nach dem Schweizer Hydrobiologen A. Monard)

Selektion all jene Veränderungen einer Art begünstigt, welche die Konkurrenz von anderen Arten des gleichen Lebensraumes vermindern. Dies führt zur Einnischung der Arten durch *ökologische Sonderung* und macht Koexistenz möglich.

Ökologische Nische und ökologische Sonderung

Arten nutzen in einem gegebenen Lebensraum nur bestimmte Elemente. So sind in einem Wald *Stare* und *Dohlen* auf Baumhöhlen als Brutplätze angewiesen, während diese z. B. für die *Buchfinken* desselben Waldes ohne jede Bedeutung sind – sie nutzen sie nicht. Stare und Dohlen machen sich daher zumindest zur Brutzeit im Hinblick auf den Faktor Höhle Konkurrenz; der Buchfink steht außerhalb dieses Konkurrenzverhältnisses. Hier wird also eine bestimmte *ökologische Gegebenheit* (Vorhandensein von Höhlen) vom Buchfinken nicht genutzt – wodurch also Konkurrenz ausgeschlossen ist. Man kann in diesem Zusammenhang zwischen

Umgebung und Umwelt

Umgebung und *Umwelt* unterscheiden. Für den Buchfinken sind die Baumhöhlen im Wald nur Teile der „Umgebung" und ohne Belang, für die Dohlen und Stare dagegen wesentliche und dichtbegrenzende Elemente der jeweils spezifischen „Umwelt" dieser beiden Arten. Interspezifische Konkurrenz wird auch dadurch vermindert oder vermieden, daß dieselben Elemente der Umwelt von verschiedenen Arten in unterschiedlicher Weise genutzt werden. Ein *Mäusebussard* nutzt einen Baum in seinem Biotop (Lebensraum) vor allem in der Wipfelregion als Brutplatz, Lauerwarte oder als Ruheplatz, während z. B. *Spechte* denselben Baum im Bereich seines Stammes als Nahrungsraum (dort suchen sie nach holzbewohnenden Insekten, die z. B. für den Bussard keine Rolle spielen) und als Brutplatz nutzen.

Derartige Wechselbeziehungen zwischen den Gegebenheiten der Umwelt und den Ansprüchen und der Form der

Die ökologische Nische als „Beruf" der Art

Nutzung durch eine Art bezeichnet man als die *ökologische Nische* einer Art. Die ökologische Nische ist also kein Raum, sondern ein multidimensionales (weil viele Wechselbeziehungen umfassendes) Beziehungssystem zwischen einer Tierart und ihrer Umwelt. Während der Begriff *Biotop* den Lebensraum (z. B. Bach, Laubwald) einer Art, also gewissermaßen deren „Adresse" angibt, bezeichnet die ökologische Nische den „Beruf" der Art. Die ökologische Nische kennzeichnet somit die nach außen projizierten Ansprüche einer

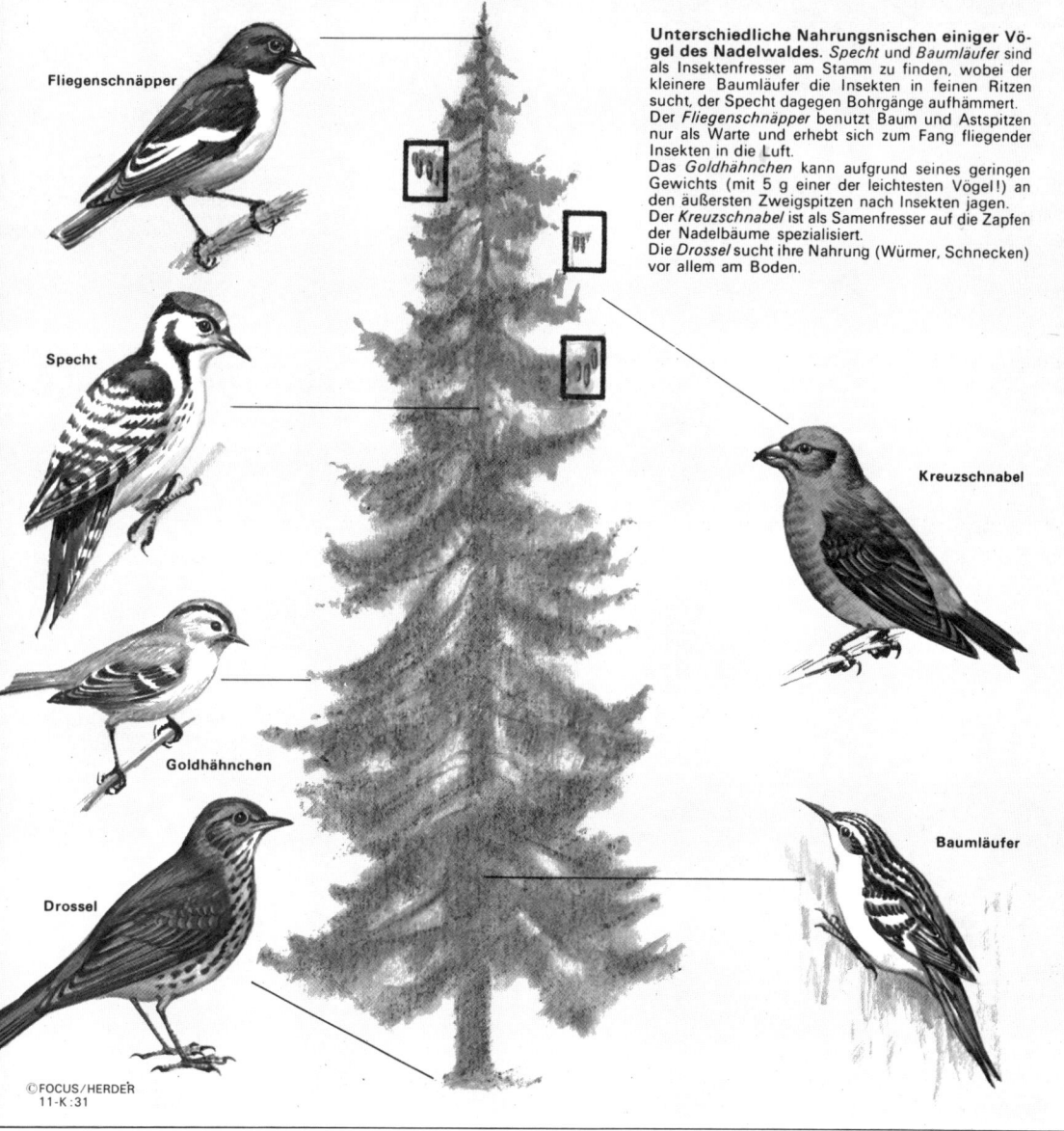

Fliegenschnäpper

Specht

Goldhähnchen

Drossel

Kreuzschnabel

Baumläufer

Unterschiedliche Nahrungsnischen einiger Vögel des Nadelwaldes. *Specht* und *Baumläufer* sind als Insektenfresser am Stamm zu finden, wobei der kleinere Baumläufer die Insekten in feinen Ritzen sucht, der Specht dagegen Bohrgänge aufhämmert.
Der *Fliegenschnäpper* benutzt Baum und Astspitzen nur als Warte und erhebt sich zum Fang fliegender Insekten in die Luft.
Das *Goldhähnchen* kann aufgrund seines geringen Gewichts (mit 5 g einer der leichtesten Vögel!) an den äußersten Zweigspitzen nach Insekten jagen.
Der *Kreuzschnabel* ist als Samenfresser auf die Zapfen der Nadelbäume spezialisiert.
Die *Drossel* sucht ihre Nahrung (Würmer, Schnecken) vor allem am Boden.

©FOCUS/HERDER
11-K:31

Art. Das oben zitierte *Konkurrenzausschlußprinzip* läßt sich in dieser Sicht folgendermaßen formulieren: *Sympatrische Arten* (im gleichen geographischen Gebiet lebende Arten) *können nicht dieselbe ökologische Nische bilden.* Unterschiede in der ökologischen Nische zwischen sympatrischen Arten schwächen die Konkurrenz ab und sind daher im Laufe der Evolution herausselektiert worden. Konkurrenz führt in diesem Bereich zu einer (ökologischen) Auseinandersetzung im wahrsten Sinne des Wortes, zur *ökologischen Sonderung*

Sympatrische Arten
können nicht dieselbe
Nische bilden

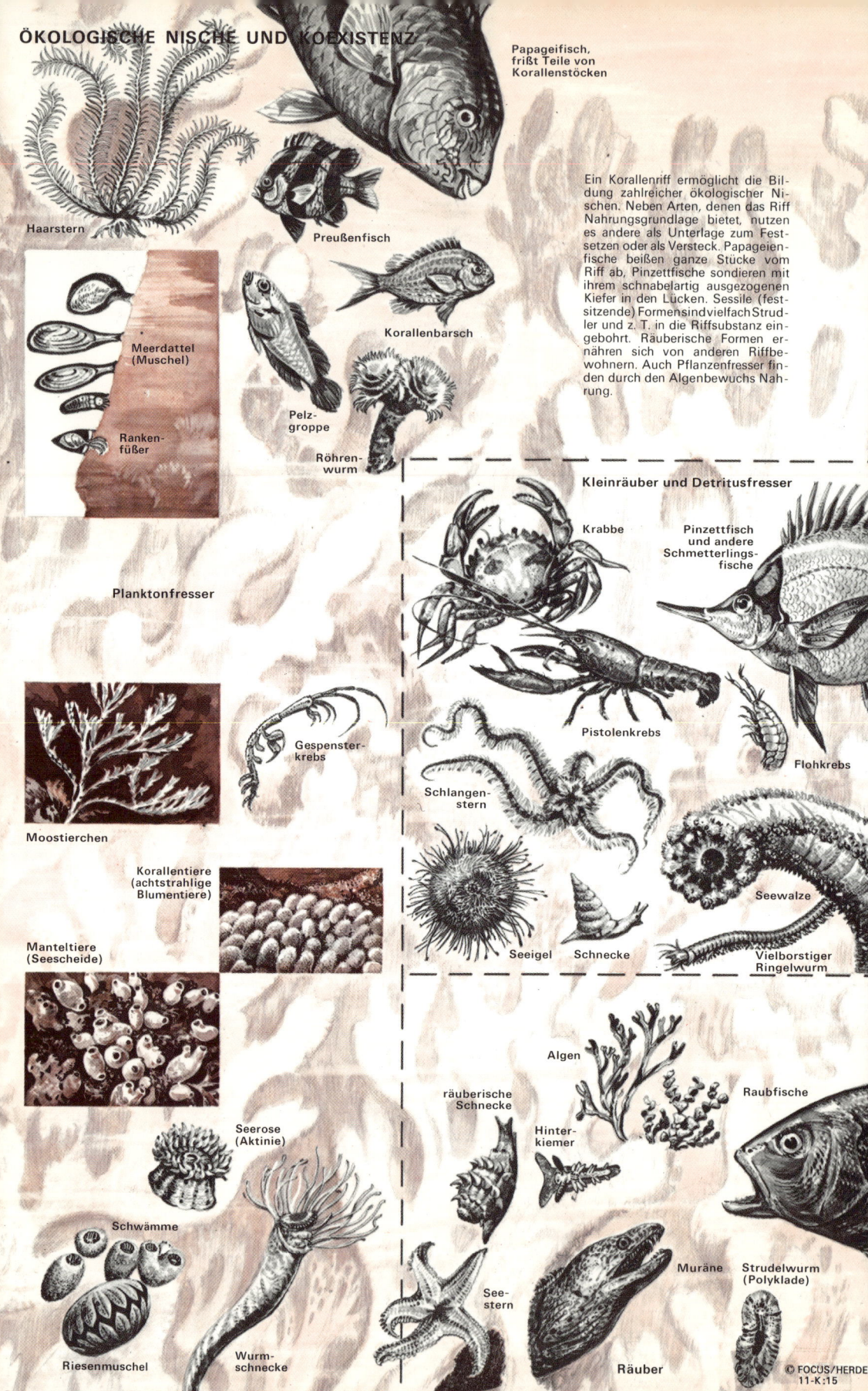

ÖKOLOGISCHE NISCHE UND KOEXISTENZ

Papageifisch, frißt Teile von Korallenstöcken

Haarstern

Preußenfisch

Meerdattel (Muschel)

Korallenbarsch

Rankenfüßer

Pelzgroppe

Röhrenwurm

Ein Korallenriff ermöglicht die Bildung zahlreicher ökologischer Nischen. Neben Arten, denen das Riff Nahrungsgrundlage bietet, nutzen es andere als Unterlage zum Festsetzen oder als Versteck. Papageienfische beißen ganze Stücke vom Riff ab, Pinzettfische sondieren mit ihrem schnabelartig ausgezogenen Kiefer in den Lücken. Sessile (festsitzende) Formen sind vielfach Strudler und z. T. in die Riffsubstanz eingebohrt. Räuberische Formen ernähren sich von anderen Riffbewohnern. Auch Pflanzenfresser finden durch den Algenbewuchs Nahrung.

Kleinräuber und Detritusfresser

Krabbe

Pinzettfisch und andere Schmetterlingsfische

Planktonfresser

Gespensterkrebs

Pistolenkrebs

Flohkrebs

Moostierchen

Schlangenstern

Korallentiere (achtstrahlige Blumentiere)

Seewalze

Manteltiere (Seescheide)

Seeigel

Schnecke

Vielborstiger Ringelwurm

Algen

Raubfische

räuberische Schnecke

Seerose (Aktinie)

Hinterkiemer

Schwämme

Muräne

Strudelwurm (Polyklade)

Riesenmuschel

Wurmschnecke

Seestern

Räuber

© FOCUS/HERDE
11-K:15

der Arten, d.h. zur Ausbildung von Nischenunterschieden zwischen ihnen. Ergebnis davon ist, daß letztlich jede Art ihre eigene *speziesspezifische Nische* bildet; die ökologische Verträglichkeit mit möglichen Konkurrenten wird zu einem wichtigen Artcharakteristikum.

Da die unterschiedliche Nutzung der Gegebenheiten des Lebensraums unterschiedliche Anpassung der Organismen an die jeweils spezifische Art der Nutzung bedingt, kommt es auf die Weise zu mannigfachen Differenzierungen im Bau der Organismen und damit zur Mannigfaltigkeit. Die ungeheure Mannigfaltigkeit in Bau, Funktion und Lebensweise der Organismen spiegelt nicht zuletzt die Fülle der unterschiedlichen ökologischen Nischen wider. So zeigen z.B. die ein und denselben Wald besiedelnden Vogelarten beachtliche Unterschiede u. a. darin, welche Art Nahrung sie nutzen und wo und wie sie diese gewinnen. Der Bau des Schnabels und Eigentümlichkeiten der Körpergestalt und des Verhaltens sind dieser jeweils spezifischen Form des Nahrungserwerbs angepaßt und differieren bei den beteiligten Arten entsprechend. Wie unterschiedlich die Rolle eines Biotopausschnitts im Leben der dort vorkommenden Organismen sein kann, d.h., in welch verschiedener Weise er in die ökologische Nische dieser Arten einbezogen sein kann, demonstriert die vielfältige Besiedlung eines Korallenstocks.

Die Einnischung als eine Ursache der Mannigfaltigkeit

Ökologische Nische, Abb. Seite 61

Verschiedene Formen des Konkurrenzausschlusses und die Kontrastbetonung

Das Konkurrenzausschlußprinzip führt gewissermaßen zu einer *Aufteilung des Lebensraums* zwischen den verschiedenen Arten (in verschiedene ökologische Nischen) und ermöglicht daher die Koexistenz zahlreicher Arten in einem Lebensraum. In geographisch getrennten Gebieten lebende Arten *(allopatrische Arten)* dagegen können u.U. außerordentlich ähnliche ökologische Nischen ausbilden und in Anpassung an diese eine Fülle von Konvergenzen aufweisen. Die *Kolibris* in Südamerika und die *Nektarvögel* Afrikas z. B. bilden ähnliche Nischen aus und zeigen das Phänomen der *Stellenäquivalenz.* Sie weisen daher auch eine Fülle von Konvergenzen auf. Zusammen mit anderen nektarsaugenden Vögeln, z.B. den Honigfressern (Meliphagidae) Australiens und manchen Kleidervögeln (Drepanididae) Hawaiis, bilden sie den *Lebensformtypus* des Nektarsaugers, ein auf Analogien und

Die Aufteilung des Lebensraumes durch Bildung verschiedener ökologischer Nischen ermöglicht die Koexistenz zahlreicher Arten

Konvergenzen nektarsaugender Vögel, Seite 97; Abb. Seite 54

Konvergenzen beruhender „Typus", im Gegensatz zum „Organisationstypus", der auf Homologien beruht.

Eine entsprechende *Stellenäquivalenz*, verbunden mit einer Fülle von Konvergenzen kennen wir auch aus dem Pflanzenreich, wo der an Trockenheit angepaßte Lebensformtypus des Sukkulenten in Südamerika von den *Kakteen*, in Afrika von den *Euphorbien* (Wolfsmilchgewächsen) und *Asclepiadaceen* (z. B. *Stapelia-Arten* Südafrikas) und in Madagaskar von der nur dort vorkommenden Familie der *Didiereaceen* hervorgebracht worden ist.

Während allopatrisch lebende Arten ähnliche Nischen bilden können und entsprechende Konvergenzen aufweisen, zeigen sympatrische, d. h. im gleichen geographischen Areal lebende Arten (die also nicht geographisch „gesondert" sind) verschiedene Formen der *ökologischen Sonderung* und damit der Konkurrenzvermeidung: einige davon seien angeführt.

In vielen Fällen leben Arten eines engeren Verwandtschaftskreises (z. B. einer Gattung oder einer Familie) in *verschiedenen Biotopen* und entgehen dadurch der Konkurrenz. In der Raubvogelgruppe der *Weihen* z. B. leben die verschiedenen Arten als *Kornweihe, Wiesenweihe* und *Rohrweihe* (ihrem Namen entsprechend) in verschiedenen Biotopen und sind dadurch ökologisch gesondert. Dasselbe gilt für *Feldmaus* und *Waldmaus, Kiefernkreuzschnabel* und *Fichtenkreuzschnabel, Feldlerche* und *Heidelerche, Moorfrosch* und *Grasfrosch, Eichelhäher* und *Tannenhäher*, um nur einige Beispiele zu nennen, bei denen diese Unterschiede in den Biotopansprüchen sich schon in der Namengebung ausdrükken. In Gebirgsgegenden können verwandte Arten auf verschiedene Höhenstufen spezialisiert sein und dadurch eine *vertikale Aufteilung* aufweisen. So lebt der *Schneehase* in der montanen Region unserer Alpen, während der *Feldhase* im „Tiefland" dominiert. *Haselhuhn, Moorschneehuhn* und *Alpenschneehuhn* finden sich in entsprechender Reihenfolge vom Tiefland über die submontane Zone bis zur montanen Zone in jeweils verschiedener vertikaler Ausdehnung. Ähnliches gilt für die montane *Ringdrossel*, die z. B. im Schwarzwald nie unter 1100 m brütet, im Gegensatz zur Amsel. Unter den Froschlurchen kennen wir die *Tieflandunke* und die *Bergunke*, die dort, wo sie zusammen vorkommen, auf unterschiedliche Höhenstufen verteilt sind und sich so ökologisch ausschließen.

Unterschiedliche Ansprüche an *Temperatur und Sauerstoff-*

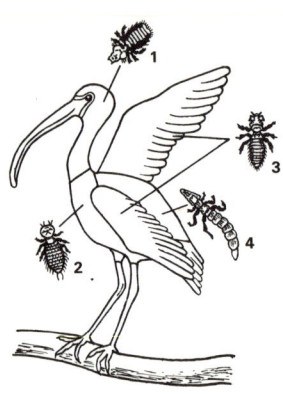

1 bis 4 = vier verschiedene Arten von *Außenparasiten* (Ektoparasiten) aus der Gruppe der Federlinge (Mallophaga), die jeweils auf bestimmte Gefiederpartien des Wirtsvogels (Ibis) spezialisiert und beschränkt sind. Ähnlich kann man auch am „Wirtsorganismus" Mensch eine Kopflaus und Kleiderlaus (Gattung Pediculus) und eine Schamlaus (an der Genitalbehaarung) unterscheiden, alle drei Ektoparasiten mit jeweils spezifischer Lokalisation.

Lebensformtypus, vgl. die torpedoförmigen Schwimmer, Abb. Seite 54

Sukkulenz, Seite 55; Abb. Seite 32

64

gehalt des Wassers können bei Fließwasserformen z. B. zur Besiedlung unterschiedlicher Abschnitte eines Bachlaufs führen, wofür die *Strudelwürmer* ein typisches Beispiel abgeben. Auch die Nutzung eines Biotops *zu unterschiedlichen Jahres- oder Tageszeiten* kann einen Konkurrenzausschluß ermöglichen. Unter den räuberisch lebenden Vögeln gehen z. B. die Eulen vor allem nachts, die Tagraubvögel dagegen tagsüber dem Nahrungserwerb nach; dasselbe gilt für die tagaktive Fluginsekten fangenden Schwalben *(Rauch-* und *Mehlschwalbe)* im Vergleich zur *Nachtschwalbe,* einer Vogelart, die mit den Schwalben nicht näher verwandt ist. Jedoch kennt man ähnliche Verhältnisse auch bei nahe verwandten Arten: so ist von zwei Barschen der amerikanischen Flüsse die eine Art *(Pomoxis annularis, Sonnenbarsch)* tagaktiv, die andere *(Pomoxis nigromaculatus)* nachtaktiv.

Schließlich können feinste *Unterschiede etwa in der Nahrungswahl* oder der Art der Nahrungsgewinnung zum Konkurrenzausschluß führen. So finden sich z. B. im Gefieder ein und desselben Vogels als *Ektoparasiten* oft mehrere Arten von *Federlingen* (lausartigen Insekten), die jedoch jeweils auf ganz bestimmte Gefiederpartien beschränkt sind und sich auf diese Weise den Lebensraum „aufteilen".

So können Vögel auf demselben Baum nicht nur unterschiedliche Nahrung nutzen, sondern diese auch in verschiedenen Regionen desselben suchen. Unter den z. T. bis zu 6 Meisenarten, die in Europa im gleichen Biotop vorkommen können, finden sich solche Nischenunterschiede. So sucht z. B. die *Kohlmeise* außerhalb der Brutzeit ihre Nahrung vielfach am Boden, die *Blaumeise* dagegen stets im Geäst. Auch dort sucht die kleinere *Blaumeise* mehr an den Astspitzen, die schwerere *Kohlmeise* mehr in Stammnähe. Selbst im Hinblick auf den Charakter der Bruthöhle (Höhe vom Boden, Größe des Einschlupfloches, Tiefe der Höhle) stellen die verschiedenen Meisenarten unterschiedliche Ansprüche und sind damit auch hier „eingenischt".

Unterschiedliche Nahrungsansprüche lassen sich bei den Vögeln vielfach deutlich am unterschiedlichen Bau des für den Nahrungsgewinn spezialisierten Schnabels erkennen. Bei Raubtieren und Raubvögeln, bei denen es gilt, mehr oder minder starke Beute zu überwältigen, zeigt sich die Nutzung unterschiedlich großer Beutetiere und damit die Nahrungseinnischung vielfach in einer entsprechend unterschiedlichen Größe verwandter Raubtierarten. Solche „Größenklassen"

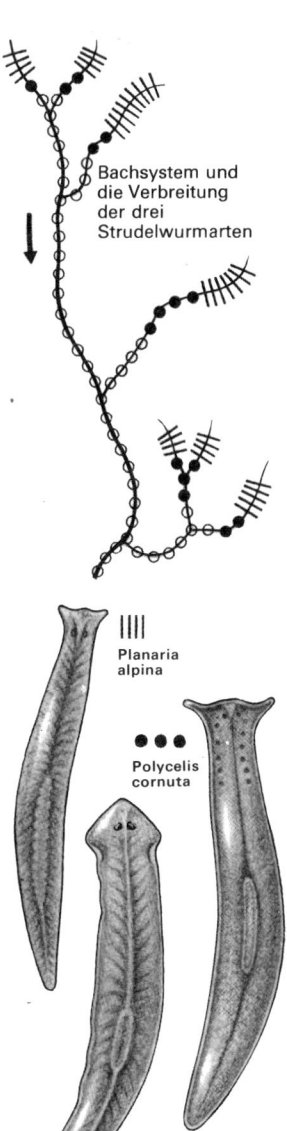

Bachsystem und die Verbreitung der drei Strudelwurmarten

Planaria alpina

Polycelis cornuta

Planaria gonocephala

Drei typische Strudelwürmer der Bäche: *Planaria alpina* ist *kaltstenotherm* und lebt daher in Quellnähe. *Polycelis cornuta* kommt etwas weiter bachabwärts vor. *Planaria gonocephala* ist *eurytherm* und kommt daher in den Unterläufen der Bäche mit schon stärker erwärmtem Wasser vor.

jeweils kleiner (kl) und großer (gr) Arten finden sich z. B. bei: *Fuchs* (kl) und *Wolf* (gr), *Wildkatze* (kl) und *Luchs* (gr), kleines und großes *Wiesel,* ferner *Sperber* (kl) und *Habicht* (gr), *Baumfalk* (kl) und *Wanderfalk* (gr) u. a.

Spezialisierung

Daß tatsächlich die Konkurrenz zu einer derartigen *Spezialisierung* auf eine jeweils mehr oder minder enge ökologische Nische zwingt, geht daraus hervor, daß in geographischen Gebieten, in denen der eine Konkurrent fehlt, dessen Nische vom anderen mitübernommen werden kann. So gibt es in Irland keine *Feldhasen,* wohl aber *Schneehasen,* die dort auch die Feldhasenbiotope im Tiefland mit besiedeln. Im konti-

Buchfink und Teydefink, Seite 79

nentalen Europa lebt der *Buchfink* sowohl im Nadelwald als auch im Laubwald. Auf einigen der Kanarischen Inseln (z. B. auf Teneriffa) dagegen kommt neben dem Buchfink eine ihm nächstverwandte Art, der *Teydefink,* vor. Dort haben sich die beiden konkurrierenden Arten dadurch „eingenischt", daß der Buchfink nur den Laubwald, der Teydefink nur den

Einnischung bei Pflanzen

Nadelwald besiedelt. Auch bei Pflanzen lassen sich entsprechende Einnischungsphänomene nachweisen, so z. B. bei den folgenden 3 Grasarten. Die *Trespe (Bromus erectus),* der *Fuchsschwanz (Alopecurus pratensis)* und der *Glatthafer (Arrhenatherum elatius)* bevorzugen, wenn sie jeweils allein vorkommen, alle drei mittelfeuchte Standorte. Wachsen sie zusammen, also in Konkurrenz, so behauptet der Glatthafer die mittelfeuchten Standorte, während die Trespe auf trockene und der Fuchsschwanz auf feuchte Standorte ausweichen.

Besonders deutlich wird das Wirken der Selektion in Richtung auf Nischenunterschiede zwischen konkurrierenden Arten, wenn sich diese im geographischen Überlappungsbereich deutlicher unterscheiden als in jenen Gebieten, wo nur eine der beiden Arten vorkommt. Ein typisches Beispiel sind

Kontrastbetonung beim Kleiber, Abb. Seite 84

zwei Kleiberarten, die dieses Phänomen der *Kontrastbetonung* oder *Merkmalsdivergenz (charakterdisplacement)* demonstrieren.

Darwinfinken, Seite 93; Abb. Seite 95

Entsprechende Phänomene kennt man auch von den *Darwinfinken.* Auch hier differieren die Schnabelformen zweier verwandter Arten vielfach dort mehr, wo beide zusammen auf der gleichen Insel des Archipels vorkommen, als auf Inseln, die jeweils nur von einer der beiden Arten besiedelt sind, die daher dort, bei fehlender Konkurrenz, jeweils weniger nahrungsspezialisiert sind. Nicht nur im Hinblick auf die Nahrung, sondern auch in der Biotopwahl kann sich Kontrastbetonung zeigen. So bevorzugt von zwei *Schaufelfrosch-*Arten Amerikas, dort, wo sich ihre Verbreitungsgebiete überlappen, die eine Art *(Scaphiopus holbrooki)* sandigen, die andere *(Sc. couchi)* lehmigen Grund.

Konkurrenzvermeidung bei intraspezifischer Konkurrenz

Konkurrenz zwischen verschiedenen sympatrisch lebenden Arten (interspezifische Konkurrenz) kann, wie wir sahen, durch ökologische Sonderung, d.h. durch Bildung unterschiedlicher Nischen, vermindert oder verhindert werden. Angehörige derselben Art bilden dagegen in der Regel dieselbe ökologische Nische (sie ist ja eines ihrer „Artmerkmale"), so daß *intraspezifische Konkurrenz* stets gegeben ist. Sie ist ja die Ebene, auf der sich der „Kampf ums Dasein", also die Selektion, abspielt. „Konkurrenzausschluß" wird hier häufig durch (räumliche) Verdrängung des konkurrierenden Artgenossen erreicht, d.h., die ökologische Sonderung wird durch eine *räumliche Sonderung* ersetzt. Dies äußert sich in der Bildung von *Revieren* oder *Territorien*, die gegenüber Artgenossen (und im allgemeinen nur solchen gegenüber!) verteidigt werden, ein Phänomen, das uns von den Revierkämpfen der Fische (z.B. Stichling), Vögel, Reptilien und Säugetiere geläufig ist. Bei Wirbellosen ist Territorialität

Intraspezifische Selektion, Seite 46

Räumliche Sonderung

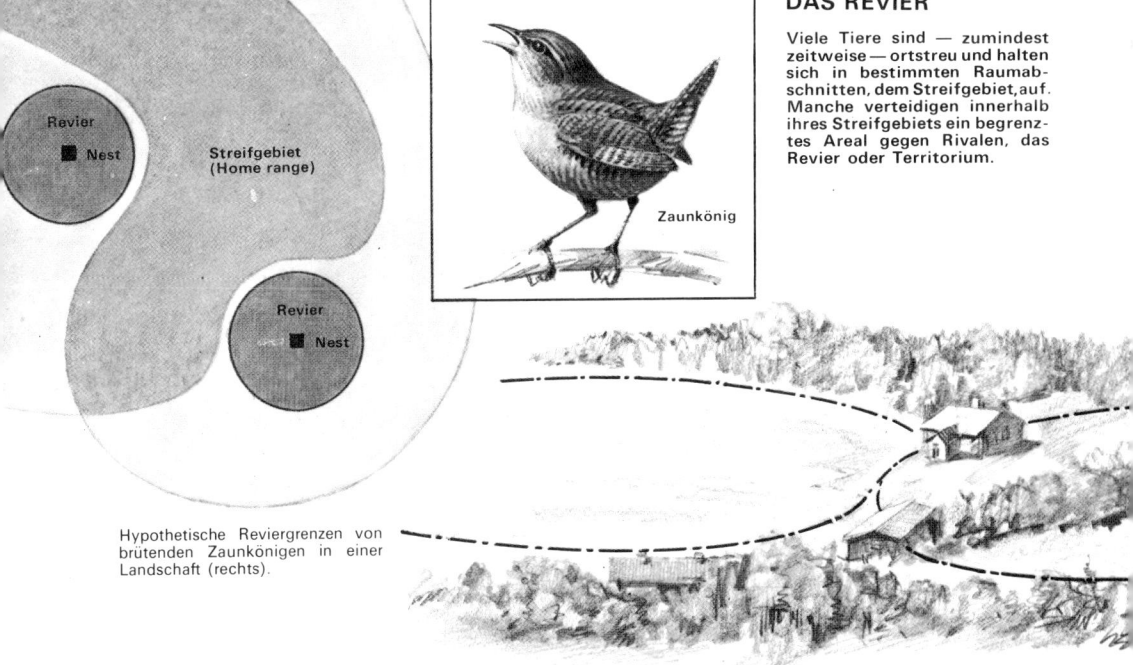

Revier

Nest

Streifgebiet (Home range)

Revier

Nest

Zaunkönig

DAS REVIER

Viele Tiere sind — zumindest zeitweise — ortstreu und halten sich in bestimmten Raumabschnitten, dem Streifgebiet, auf. Manche verteidigen innerhalb ihres Streifgebiets ein begrenztes Areal gegen Rivalen, das Revier oder Territorium.

Hypothetische Reviergrenzen von brütenden Zaunkönigen in einer Landschaft (rechts).

selten. Diese erkämpften Reviere sichern einem Paar den entsprechenden Lebensraum für Brut und Aufzucht der Jungen; schwächere Tiere werden in weniger günstige Gebiete abgedrängt und bringen dort weniger oder keine Jungen hoch. Auf diese Weise verhindert die Territorialität eine Übervölkerung, wirkt also bestandsregulierend und bietet der Selektion (unterschiedliche Fortpflanzungserfolge) viele Möglichkeiten. In besonderen Fällen hat die Evolution jedoch auch bei Artgenossen zu einer ökologischen Einnischung geführt, indem sie die beiden genetisch bedingt verschiedenen Geschlechter einer Art in dieser Beziehung differenzierte *(= Einnischung durch Sexualdimorphismus).* So kennen wir bei einigen räuberisch lebenden Tieren auffallende Körpergrößenunterschiede zwischen den Geschlechtern, denen vielleicht unterschiedlich große Beutetiere entsprechen. Beim Sperber und beim Habicht sind z. B. jeweils die Weibchen erheblich größer und stärker als die Männchen. Aber auch morphologische Unterschiede, die offensichtlich mit dem Nahrungserwerb im Zusammenhang stehen, kommen zwischen den Geschlechtern einer Art gelegentlich vor. Beim neuseeländischen *Hopflappenvogel (Heterolochia acutirostris)* hat das Männchen einen meiselförmigen „Spechtschnabel", mit dem er Stämme bearbeiten kann, das Weibchen dagegen einen langen gebogenen Schnabel, der an eine andere Nahrungsnische (Sondieren) adaptiert ist. Neuerdings hat man auch bei gewissen Spechten (Gattung *Centurus),* die jeweils in nur einer Art (für mehr reicht offensichtlich das „Nahrungsangebot" nicht) auf einigen kleinen westindischen Inseln leben, zwischen den Geschlechtern Unterschiede in der Schnabel- und Zungenlänge gefunden, die darauf hinweisen, daß auch hier die Männchen und Weibchen einer Art in gewissem Umfang getrennte Nahrungsnischen bilden.

Dichteregulation durch Territorialität

Einnischung durch Sexualdimorphismus

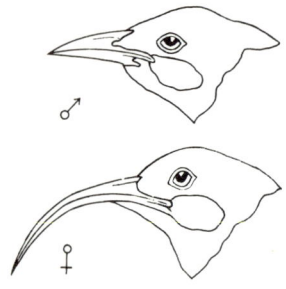

Beim *Hopflappenvogel (Heteralocha acutirostris)* Neuseelands weisen Männchen (♂) und Weibchen (♀) eine unterschiedliche Schnabelform auf, die Ausdruck einer unterschiedlichen Nahrungsnische ist.

Imitierte intraspezifische Konkurrenz – Charakter-Konvergenz (Angleichung)

Eine besondere Form der *interspezifischen* Konkurrenzvermeidung wird in neuester Zeit diskutiert. Man kennt einige nahe verwandte Vogelarten, die im selben Biotop leben und offensichtlich auch die gleiche ökologische Nische bilden. Sie sind sich jedoch in den Revierkämpfe auslösenden Eigenschaften so ähnlich *(Charakter-Konvergenz* oder *Angleichung),* daß sie sich wie Artgenossen bekämpfen und daher nebeneinander getrennte Reviere ausbilden. Auf diese Weise sind sie, wie sonst die Artgenossen, räumlich voneinander gesondert und können trotz gleicher Nische koexistieren. Diese, z. B. bei amerikanischen *Finkenvögeln* der Gattung *Pipilo* aufgezeigten Phänomene bedürfen noch der Nachprüfung an anderen Arten.

Die Bildung neuer ökologischer Nischen und die Artenzahl im Biotop

Das Eingenischtsein und der Konkurrenzausschluß zwischen den Arten eines Lebensraumes bedeuten, daß jede Art ihre für sie spezifische, eigene ökologische Nische bilden muß, das heißt eine bestimmte *ökologische Planstelle* einnimmt. Welch weitere Möglichkeiten zur Bildung neuer ökologischer Nischen (neuer Planstellen) ein Biotop bietet, hängt von den dort vorhandenen biotischen und abiotischen Faktoren und von den Nutzungsmöglichkeiten der Organismen ab. Man hat in diesem Zusammenhang von den *ökologischen Lizenzen* gesprochen, die ein Biotop für die Ausbildung bestimmter Nischen erteilt oder nicht. Ein Beispiel soll dies verdeutlichen. Im Wasser können, wegen seiner im Verhältnis zur Luft größeren Dichte, bestimmte Organismen passiv schwimmen und driften, was zur Ausbildung eines reichen Planktonlebens im Wasser geführt hat, während ein entsprechendes „Luftplankton" fehlt – Luft bietet keine Lizenzen für Planktonleben. Weiter hat die Existenz eines reichen Wasserplanktons die Lizenz für eine festsitzende Lebensweise (Sessilität) der Tiere erteilt, da diese im Wasser Nahrung herbeistrudeln können (und auch ihre Geschlechtsprodukte im Wasser einander zuführen können). Es gibt dementsprechend zahlreiche wasserlebende sessile Tiere (z. B. *Polypen* und *Hohltiere*, *Moostierchen*, *Seepocken*, *Seescheiden*, *Seelilien* usw.), jedoch kein einziges wirklich sessiles terrestrisches Tier (von Parasiten abgesehen). Das Land erteilt keine ökologischen Lizenzen für sessile Tiere.

Sich einnischen bedeutet demnach, die Möglichkeit zur Bildung einer neuen, bislang noch nicht existierenden ökologischen Nische zu finden. So hat z. B. der Schützenfisch *Toxotes* ein Verhalten entwickelt, das es ihm gestattet, durch „Wasserspucken" Beutetiere außerhalb des Wassers „abzuschießen", wodurch er sich völlige neue Nahrungsobjekte (terrestrische) zugänglich gemacht hat. Je mehr ökologische

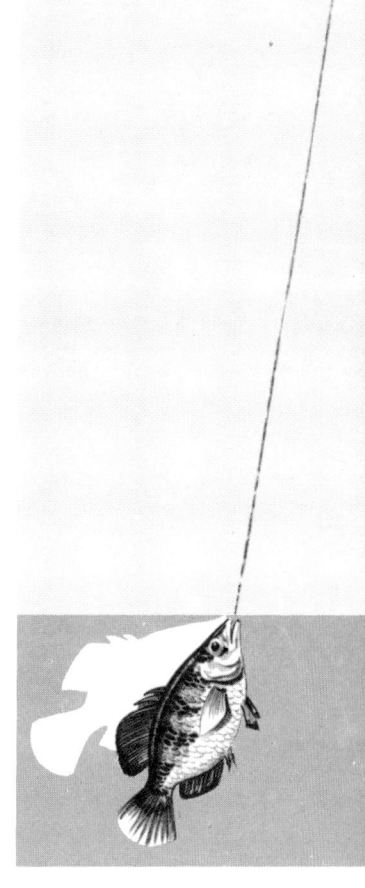

Erschließung einer neuen Nahrungsnische
Der im malaiischen Raum lebende *Schützenfisch Toxotes* kann gezielt einen Wasserstrahl (der aus vielen einzelnen Tropfen besteht) bis über 1 m aus dem Maul ausspucken und so außerhalb des Wassers an Pflanzen sitzende Beute zum Absturz auf die Wasseroberfläche bringen, wo er sie aufnehmen kann. Durch Variation des Winkels zwischen Wasseroberfläche und Körperlängsachse kann die „Zieleinrichtung" verstellt werden. Um die Parallaxe, das ist der Winkel Augen–Ziel : Mund–Ziel zu verkleinern, also um die Treffsicherheit zu erhöhen, schwimmt der Fisch zunächst nahezu horizontal in die Schußposition und stellt sich dann, der Schußweite entsprechend, nahezu vertikal.

Nischen in einem gegebenen Lebensraum möglich sind, d. h. je mehr Lizenzen dieser erteilt, um so artenreicher kann die Lebensgemeinschaft (Biozönose) dieses Biotops sein. Reich strukturierte und das ganze Jahr über (kein Winter) vielfältig bleibende Biotope, wie etwa der tropische Urwald oder andere tropische Biotope, sind daher artenreicher als einseitiger ausgebildete und im Winter verarmende Biotope der gemäßigten Breiten. Das ist einer der Gründe, weshalb bei vergleichbarer Größe das tropische Sumatra 438 Brutvogelarten aufzuweisen hat, Deutschland dagegen nur 242.

Rassen- und Artbildung

Evolution ist ein Prozeß, der dazu führt, daß im Laufe der Generationenfolge die *Arten (Spezies)* abwandeln, d. h. andere und neue Arten entstehen. Die *Artbildung (Speziation)* ist daher ein zentraler Vorgang im Evolutionsgeschehen. Schon *Darwin* hat daher sein klassisches Werk „Über die Entstehung der Arten…" betitelt. Die Mannigfaltigkeit der Organismen tritt uns ja nicht als ein Chaos unterschiedlicher Individuen gegenüber, sondern gegliedert in Arten.

Artbildung (Speziation) der zentrale Vorgang in der Evolution als *allochrone Artbildung* bzw. historische Artumwandlung oder als *synchrone Artbildung* bzw. Artaufspaltung

Definition der Art

Der morphologische Artbegriff

Man kann eine Art einmal nach ihren Eigenschaften oder Merkmalen definieren. Danach ist *eine Art die Gesamtheit all der Individuen, die in allen wesentlichen Merkmalen untereinander und mit ihren Nachkommen übereinstimmen.* Diese Übereinstimmung beruht darauf, daß Angehörige einer Art als gemeinsame Eigenschaft auch dieselbe ökologische Nische bilden, d. h. durch weitgehend gleiche Selektionsbedingungen in ihren Eigenschaften mehr oder weniger konstant gehalten werden (stabilisierende Selektion). Zum anderen beruht die Gemeinsamkeit der Merkmale darauf, daß die Angehörigen einer Art (und nur diese) im Prozeß der zweigeschlechtlichen (bisexuellen) Fortpflanzung ständig ihre Erbanlagen (Gene) miteinander austauschen und damit einen gemeinsamen Genpool besitzen. Nach diesem wichtigen Charakteristikum läßt sich die Art biologisch definieren. Danach besteht *eine Art aus faktisch oder potentiell sich kreuzenden Populationen, die von anderen reproduktiv isoliert*

Der biologische Artbegriff (Biospezies)

sind, d. h. mit deren Angehörigen keine Gene austauschen. Nach dieser Definition ist eine Art also eine potentielle Fortpflanzungsgemeinschaft. Angehörige verschiedener Arten *verbastardieren* unter natürlichen Bedingungen nicht. Artbildung kann in der Evolution auf zwei verschiedenen Wegen erfolgen:

HISTORISCHE ARTUMWANDLUNG ODER ALLOCHRONE ARTBILDUNG. Im Laufe der Generationenfolge wandeln die Eigenschaften einer Art durch das Wirksamwerden der Evolutionsfaktoren, z. B. Mutation und Selektion, langsam ab, so daß sich eine Art im Laufe größerer erdgeschichtlicher Zeiträume kontinuierlich in eine andere umwandelt. Dieser Pro-

zeß der *Artumwandlung* (auch *Progression* genannt) führt daher nicht zu einer Vermehrung der Artenzahl und ist auch von der biologischen Artdefinition her schwer zu fassen, da Individuen, die zeitlich voneinander getrennten Populationen angehören, selbstverständlich keine Gene austauschen können. In besonders günstig gelagerten Fällen läßt sich ein solch kontinuierlicher Wandel der Eigenschaften einer Art an fossilem Material nahezu lückenlos nachweisen.

ARTAUFSPALTUNG ODER SYNCHRONE ARTBILDUNG. *Artaufspaltung* führt im Gegensatz zur Artumwandlung zu einer Aufteilung einer Art in zwei *Schwesterarten,* die gleichzeitig leben. Dieser Prozeß führt also zu einer Vermehrung der Artenzahl und im Laufe der Evolution zu einer *Verzweigung der Stammbäume* und damit zur Mannigfaltigkeit. Dieser Vorgang der Artaufspaltung wird als *Speziation im engeren Sinne* verstanden, von ihm ist im folgenden die Rede.

Die Art ist eine potentielle Fortpflanzungsgemeinschaft

Historische Artumwandlung = phyletische Evolution

Artumwandlung zeigen die fünf Stadien aus einer kontinuierlichen evolutiven Abwandlungsreihe der Gehäuseform der *Wasserschnecke Viviparus,* wie sie fossil in übereinanderliegenden Schichten des Pliozäns gefunden wurden. Das älteste Schneckenhaus (ganz links) sieht vollkommen anders aus als das jüngste (ganz rechts), die Zwischenformen aber stellen einen lückenlosen Zusammenhang zwischen den Extremformen her.

Die Artaufspaltung in einer Verwandtschaftsgruppe ergibt die Stammesaufspaltung oder Cladogenese, Abb. Seite 23

71

Zur Artbildung führende Prozesse

Die Separation als Initial-
vorgang der Artbildung

DIE SEPARATION. Der Grundvorgang der Speziation ist die Trennung ursprünglich im genetischen Austausch stehender Populationen einer Art in solche, bei denen dieser Austausch unterbunden ist. Erst nach Unterbrechung des Genaustausches zwischen den „Teilpopulationen" (= Verhinderung der Panmixie) können sich diese in verschiedener „Richtung" entwickeln. Eine solche, eventuell eine Artbildung einleitende Trennung einer Population nennt man *Separation*. Sie kommt in der Regel dadurch zustande, daß Populationen einer Art sich in verschiedene geographische Gebiete ausbreiten oder abgedrängt werden und dadurch geographisch separiert sind *(räumliche Sonderung)*. Eine auf geographische Separation zurückgehende Artbildung bezeichnet man als *allopatrische Artbildung*, da die sich herausbildenden Schwesterarten zunächst verschiedene geographische Gebiete besiedeln *(allopatrische Verbreitung)*. Erst sekundär können sich, nach Abschluß der Artbildung, die einen Prozeß darstellt, die Verbreitungsgebiete der neu entstandenen Arten wieder überlappen.

Räumliche Sonderung,
Seite 43

Allopatrische Artbildung

Eine geographische Trennung einer ursprünglich einheitlichen Population kann verschieden zustande kommen:

Gründerindividuen,
Seite 42

1. Bei der Ausbreitung einer Art können von einigen „Gründerindividuen" schwer zugängliche Gebiete (z.B. durch Gebirge oder Wüsten vom Ursprungsgebiet getrennt) oder landferne Inseln mehr oder weniger zufällig erreicht werden (z.B. durch Verdriftung bei Sturm), in denen dann neue Populationen gegründet werden können.

Die Eiszeit als
Separationsfaktor, Seite 78

2. *Klimatische Veränderungen* im Laufe der Erdgeschichte, so z.B. Vereisung, Versteppung, Wüstenbildung usw., können Populationen aus ihrem ursprünglichen Verbreitungsgebiet nach verschiedenen Richtungen abdrängen. So hat die Vereisung während der pleistozänen Eiszeit in Europa durch das Vordringen des Eises von Norden und durch die Ausdehnung der Vergletscherung der Gebirgszüge viele Arten aus dem mitteleuropäischen Raum in südöstliche und südwestliche Rückzugsgebiete *(Glazialrefugium)* abgedrängt und dadurch Populationen separiert. In Afrika hat die zunehmende Versteppung nach der Pluvialzeit (Regenzeit) viele ursprünglich zusammenhängende, riesige Waldgebiete in kleine „Waldinseln" zerlegt und somit ähnlich gewirkt.

Glazialrefugium,
Gebiet, in dem sich die voreiszeitlichen Pflanzen und Tiere erhalten haben. Die wichtigsten Glazialrefugien wurden am Mittelmeer, am Südrand des Schwarzen und Kaspischen Meers, in Ostasien, im Südwesten der USA und in Mexiko gefunden.

3. Durch Senkung des Landes oder Steigen des Meeresspiegels (nach der Eiszeit durch Abschmelzen der Eismassen teilweise um fast 100 m) können Inseln vom Festland abgetrennt (kontinentale Inseln) und so die darauf lebenden Populationen separiert werden.

Sumatra, Borneo und Java waren während der pleistozänen Eiszeit landfest mit Südostasien verbunden. Ebenso England mit dem europäischen Kontinent

Eine Aufteilung einer ursprünglich einheitlichen Population in geographisch separierte Populationen führt zur Ausbildung von Eigenschaftsunterschieden zwischen diesen Populationen, also zu divergenter Entwicklung. Dafür gibt es mehrere Gründe:

Separation führt zur Art- und Rassenbildung

1. Jede der so entstandenen Teilpopulationen hat auch nur einen Teil des Gesamtgenbestands (Genpool) der Ausgangspopulation, so daß Unterschiede in den Genfrequenzen zwischen den getrennten Populationen selbstverständlich sind. Besonders deutlich ist das bei von wenigen Gründerindividuen neu aufgebauten Populationen (z.B. auf einer neu besiedelten Insel), die selbstverständlich nur einen Bruchteil der im ursprünglichen Genpool vorhandenen multiplen Allele mitbekommen.
2. Neben Mutationen, die in den getrennten Populationen in gleicher Weise auftreten *(Parallelmutationen)*, werden bestimmte Mutationen nur in einer der beiden auftreten, wodurch die genetische Zusammensetzung der Populationen ebenfalls unterschiedlich wird.
3. Räumlich getrennte Populationen leben meist nicht unter völlig identischen Umweltbedingungen (z.B. anderes Klima, andersartige Konkurrenten), so daß auch die Selektion in unterschiedlicher Richtung wirkt, was wiederum zur Entstehung von Eigenschaftsdivergenzen zwischen den separierten Populationen führt.

Die Bildung geographischer Subspezies (Rassenbildung)

Artbildung ist ein Prozeß. Zahlreiche Arten, die über ein großes geographisches Gebiet verbreitet sind, sind in mehrere, geographisch mehr oder minder getrennte Populationen „zerlegt", die aus den obengenannten Gründen Unterschiede aufweisen. Wenn sich eine Population durch reinerbige Unterschiede von einer anderen Population derselben Art unterscheidet, wird sie als eigene *Rasse (Unterart, Subspezies)* bezeichnet. Die meisten geographisch weit verbreiteten Arten sind derart in *geographische* (also allopatrisch lebende) *Sub-*

Rasse, Unterart, Subspezies: differiert vielfach auch nur in der Häufigkeit von Erbmerkmalen oder Genen (der Genfrequenz) von anderen Rassen der gleichen Art.

73

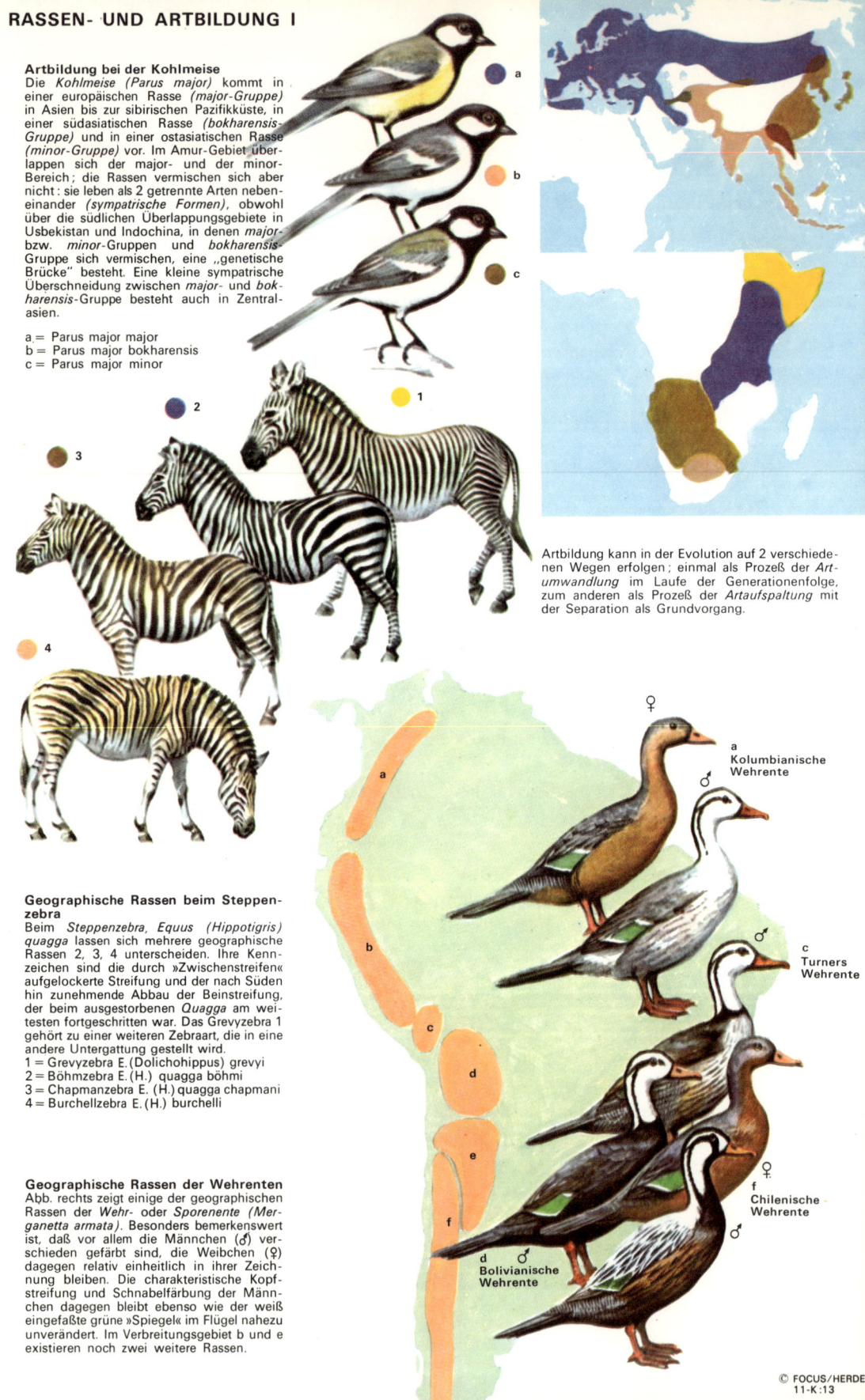

RASSEN- UND ARTBILDUNG I

Artbildung bei der Kohlmeise

Die *Kohlmeise (Parus major)* kommt in einer europäischen Rasse *(major-Gruppe)* in Asien bis zur sibirischen Pazifikküste, in einer südasiatischen Rasse *(bokharensis-Gruppe)* und in einer ostasiatischen Rasse *(minor-Gruppe)* vor. Im Amur-Gebiet überlappen sich der major- und der minor-Bereich; die Rassen vermischen sich aber nicht: sie leben als 2 getrennte Arten nebeneinander *(sympatrische Formen)*, obwohl über die südlichen Überlappungsgebiete in Usbekistan und Indochina, in denen *major-* bzw. *minor-*Gruppen und *bokharensis-*Gruppe sich vermischen, eine „genetische Brücke" besteht. Eine kleine sympatrische Überschneidung zwischen *major-* und *bokharensis-*Gruppe besteht auch in Zentralasien.

a = Parus major major
b = Parus major bokharensis
c = Parus major minor

Artbildung kann in der Evolution auf 2 verschiedenen Wegen erfolgen; einmal als Prozeß der *Artumwandlung* im Laufe der Generationenfolge, zum anderen als Prozeß der *Artaufspaltung* mit der Separation als Grundvorgang.

Geographische Rassen beim Steppenzebra

Beim *Steppenzebra, Equus (Hippotigris) quagga* lassen sich mehrere geographische Rassen 2, 3, 4 unterscheiden. Ihre Kennzeichen sind die durch »Zwischenstreifen« aufgelockerte Streifung und der nach Süden hin zunehmende Abbau der Beinstreifung, der beim ausgestorbenen *Quagga* am weitesten fortgeschritten war. Das Grevyzebra 1 gehört zu einer weiteren Zebraart, die in eine andere Untergattung gestellt wird.
1 = Grevyzebra E. (Dolichohippus) grevyi
2 = Böhmzebra E. (H.) quagga böhmi
3 = Chapmanzebra E. (H.) quagga chapmani
4 = Burchellzebra E. (H.) burchelli

Geographische Rassen der Wehrenten

Abb. rechts zeigt einige der geographischen Rassen der *Wehr-* oder *Sporenente (Merganetta armata)*. Besonders bemerkenswert ist, daß vor allem die Männchen (♂) verschieden gefärbt sind, die Weibchen (♀) dagegen relativ einheitlich in ihrer Zeichnung bleiben. Die charakteristische Kopfstreifung und Schnabelfärbung der Männchen dagegen bleibt ebenso wie der weiß eingefaßte grüne »Spiegel« im Flügel nahezu unverändert. Im Verbreitungsgebiet b und e existieren noch zwei weitere Rassen.

a Kolumbianische Wehrente

c Turners Wehrente

f Chilenische Wehrente

d Bolivianische Wehrente

Akustische Artkennzeichen
Nahe verwandte Zwillingsarten deutscher Vögel, die in weiten Teilen ihres Verbreitungsgebietes nebeneinander vorkommen, ohne sich zu vermischen. In Gestalt und Färbung zum Verwechseln ähnlich, unterscheiden sie sich auffallend in ihren Gesängen.

Um Artbastardierungen zu vermeiden, müssen Tierarten ihren Artgenossen und Geschlechtspartner erkennen. Bei den Vögeln geschieht dies oft optisch, an charakteristischen Farbkennzeichen.

Bei den *Enten* sind die brütenden Weibchen (♀) schutzfarben und bei den verschiedenen Arten oft recht ähnlich. Die Erpel (♂) dagegen zeigen in der Fortpflanzungszeit ein artcharakteristisches Prachtkleid.

Wintergoldhähnchen
(Regulus regulus)

Sommergoldhähnchen
(Regulus ignicapillus)

Zilpzalp
(Phylloscopus collybita)

Waldbaumläufer
(Certhia familiaris)

Fitis
(Phylloscopus trochilus)

Gartenbaumläufer
(Certhia brachydactyla)

a

b

c

Bei den 3 einfarbig weißen europäischen Schwanenarten (a = *Zwergschwan, Cygnus bewickii,* b = *Singschwan, Cygnus cygnus,* c = *Höckerschwan, Cygnus olor*) liefern Schnabelfarbe und Form artcharakteristische Kennzeichen. Diese tragen nur die geschlechtsreifen adulten Tiere. Die Jungvögel dagegen haben eine recht einheitliche Schnabelfärbung.

Stockente (Anas platyrhynchos)

Spießente (Anas acuta)

Pfeifente (Anas penelope)

Optische Artkennzeichen bei Fischen
Zwei nahe verwandte *Korallenfische* des tropischen Atlantik unterscheiden sich auffallend in der Körperzeichnung. Daran erkennen sich diese Fische. Nur Artgenossen werden angegriffen und aus dem Revier vertrieben.

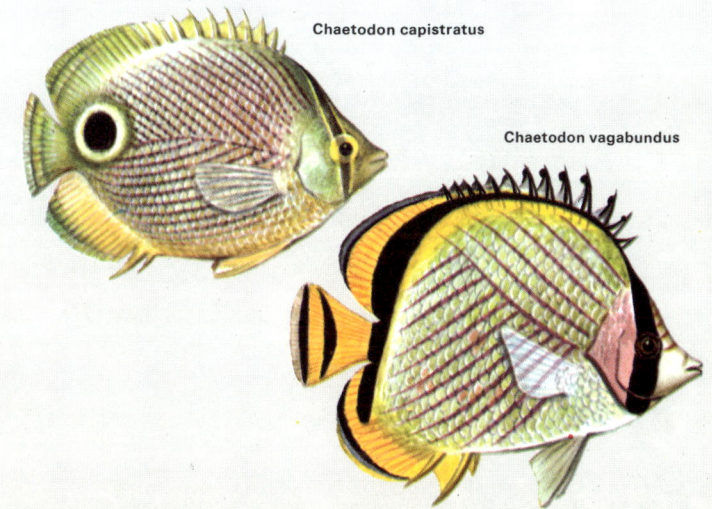

Chaetodon capistratus

Chaetodon vagabundus

spezies aufgeteilt. Eine aus mehreren Subspezies bestehende Art bezeichnet man als *polytypische Art* oder als *Rassenkreis.* Im Gegensatz zu Arten (Spezies) verbastardieren Rassen dort, wo sie sekundär miteinander in Berührung kommen, und bilden so eine *Bastardierungszone* aus; die Rassenmerkmale

Rassen des Menschen

vermischen sich dann. Auch die *Art Mensch* ist eine polytypische Spezies mit mehreren geographischen Rassen, die sich vermischen können.

Da bestimmte abiotische Umweltfaktoren, wie z. B. die Temperatur und die Feuchtigkeit, in zusammenhängenden geographischen Gebieten kontinuierlich abändern (etwa von der Küste zum Landesinneren), lassen sich auch bestimmte kontinuierliche Abänderungen bei darauf bezogenen Anpas-

Merkmalsgradienten oder clines

sungsmerkmalen feststellen, die wir als *Merkmalsgradienten* oder *clines* bezeichnen. So nimmt bei vielen warmblütigen Wirbeltieren (in konvergenter Weise) parallel zum Sinken der

Klimaregeln, Abb. Seite 32

Durchschnittstemperatur des Verbreitungsgebietes die Körpergröße der Individuen zu (was man als *Bergmannsche Regel* bezeichnet), die Größe exponierter Körperteile (z. B. Ohren, Schwänze, Extremitäten) dagegen ab *(Allensche Proportionsregel).* Beide Merkmalsabänderungen verringern den Wärmeverlust (an der Oberfläche) in kalten Gebieten. Diesen *kontinuierlichen* Merkmalsabänderungen in den *clines* lassen sich die *diskontinuierlichen* Merkmalsunterschiede

Geographische Rassen, Abb. Seite 74

der verschiedenen geographischen Rassen anschließen. Auch sie stellen in vielen Fällen unmittelbare Anpassungen an das jeweilige Verbreitungsgebiet der Rasse dar. Rassen von Säugetieren in kälteren Gebieten haben daher z. B. ein längeres und dichteres Fell als solche in wärmeren Gebieten (z. B. beim *Puma*). Vielfach äußern sich Subspeziesunterschiede (z. B. bei Vögeln und Säugetieren) jedoch auch in Färbungs- und Zeichnungsunterschieden des Fells bzw. Gefieders, die häufig keinen unmittelbaren Adaptationswert an die herrschenden Umweltverhältnisse erkennen lassen. Hierbei darf jedoch nicht vergessen werden, daß diese Eigenschaften nur *eine* Auswirkung der beteiligten Gene darstellen, die ihrerseits auch noch an der Ausbildung anderer, u. U. selektiv bedeutsamer Eigenschaften (z. B. physiologischer Art) mitwirken

Polyphänie, Seite 37

(Polyphänie oder *Pleiotropie* der Gene). Unter den Beispielen für geographische Rassenbildung beanspruchen dabei jene Grenzfälle besonderes Interesse, die gewissermaßen den

Semispezies = Grenzfälle zwischen Rasse und Art

Übergang von der Rassen- zur Artbildung demonstrieren. Hierzu gehört u. a. unsere *Kohlmeise (Parus major).* Sie ist in zahlreichen (über 30) verschiedenen Rassen von Europa über Persien, Indien, Südchina und Japan bis ins Amurgebiet (dort die Rasse *minor*) verbreitet. Die verschiedenen Rassen unterscheiden sich u. a. in der Färbung des Rücken- und Bauchgefieders. Wo sie sich geographisch unmittelbar berühren, bilden sie eine Bastardierungszone aus, vermischen sich also. Nach der Eiszeit hat sich die europäische Rasse *(major)* nördlich des bisherigen, riesigen Verbreitungsgebiets der Art (d. h. nördlich der eurasiatischen Hochgebirge) ostwärts nach Asien ausgebreitet, ohne sich dabei in weitere geographische Rassen zu differenzieren. Im äußersten Osten ist sie im Bereich des Amurgebiets auf das „Endglied" der südostwärts verbreiteten Unterarten, auf die *minor*-Rasse, gestoßen und lebt dort mit dieser zusammen im gleichen Gebiet (sympatrisch), *ohne* sich mit ihr zu vermischen. Die beiden „Endglieder" der Kohlmeisenrassen verhalten sich in ihrem sekundären Überlappungsgebiet am Amur also wie „gute" Arten und demonstrieren dadurch, daß geographische Trennung auch zur Artbildung führen kann. Zwar liegen aus jüngerer Zeit Berichte von Mischpaaren von *major* und *minor* aus dem genannten Gebiet vor, doch haben nach neuesten Untersuchungen die verschiedenen Rassen so unterschiedliche Stimmäußerungen und ein so differentes Verhalten, daß eine Paarbildung von Angehörigen verschiedener Rassen auf Schwierigkeiten stoßen und äußerst selten bleiben dürfte.

Rassenkreis der Kohlmeise, Abb. Seite 74

Bastardierungszone

Ausbildung einer Bastardierungszone

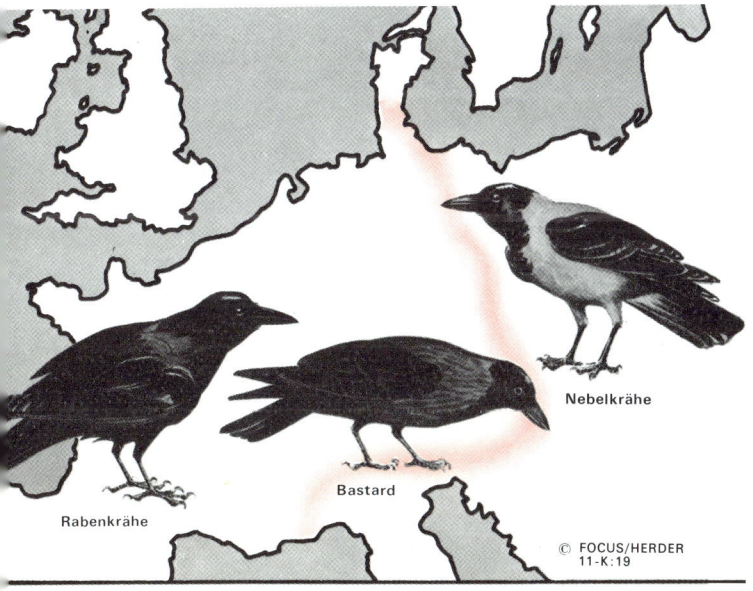

Nebelkrähe

Bastard

Rabenkrähe

© FOCUS/HERDER
11-K:19

Die schwarze *Rabenkrähe (Corvus corone corone)* und die graue *Nebelkrähe (Corvus corone cornix)* sind zwei sich geographisch ausschließende Formen im Übergangsbereich von Rasse und Art. Wo ihre Verbreitungsgebiete (für die Rabenkrähe: Süd- und Mittelengland, West- und Mitteleuropa westlich der Elbe und ohne Italien; für die Nebelkrähe: Schottland, Irland, Skandinavien und Europa östlich der Elbe, Balkan) aneinandergrenzen (in Deutschland z. B. an der Elbe), bildet sich eine schmale *Bastardierungszone* aus; die Bastarde zeigen eine grauschwarze Färbung. Die roten Streifen markieren den Verlauf der Bastardierungszone.

Raben- und Nebelkrähe,
Abb. Seite 77

Einen Grenzfall zwischen Rasse und Art stellt auch das geographisch getrennte Paar *Rabenkrähe (Corvus corone corone)* und *Nebelkrähe (Corvus corone cornix)* dar. Die westlich verbreitete *Rabenkrähe* und ihre Schwesterform, die östliche *Nebelkrähe,* sind in ihrer Entstehung wohl auf eine Separation durch die Eiszeit zurückzuführen. Nach Abschmelzen des Eises haben sich die beiden Formen von ihren Glazialrefugien aus wieder nach Mitteleuropa ausgebreitet. Wo sie aufeinanderstoßen (in Deutschland z. B. im Bereich der Elbe), verbastardieren sie miteinander, so daß eine relativ schmale Bastardierungszone ausgebildet wird. Ansonsten schließen sich Raben- und Nebelkrähen geographisch gegenseitig aus. Bei anderen, wohl durch die Eiszeit geographisch separierten Formen hat die Trennung offensichtlich über die Rassenbildung hinaus zur Artbildung geführt, d. h., es kommt auch bei der sekundären Überlappung der Verbreitungsgebiete zu keiner Verbastardierung mehr; beide Formen können als

Sympatrische Arten

Spezies unvermischt sympatrisch leben. Beispiele hierfür liefern in unserer Fauna der östlich verbreitete *Sprosser* und die westlich verbreitete *Nachtigall,* die in Pommern sympatrisch leben. Beide Arten sind einander äußerst ähnlich, was auch

Artenpaare von Vögeln,
Abb. Seite 75

für mehrere andere *Artenpaare* gilt, die durch Separation wohl während der Eiszeit entstanden sind, heute jedoch in weiten Teilen ihres Verbreitungsgebiets unvermischt sympatrisch leben, so für *Sommer-* und *Wintergoldhähnchen, Garten-* und *Waldbaumläufer, Zilpzalp* und *Fitis, Grün-* und *Grauspecht* und andere. Typische Grenzfälle von Rasse und Art sind schließlich solche „Artenpaare", bei denen die geographische Trennung über lange Zeit hinweg bis heute aufrechterhalten ist, es also keine Überlappungszonen gibt. Dies ist bei einigen mit je einer „Art" in Nordamerika bzw. in Eurasien verbreiteten Artenpaaren der Fall, die seit dem postglazialen Anstieg des Meeresspiegels, der die bis dahin als Landbrücke fungierende Behringstraße unpassierbar gemacht hat, getrennt sind. Dazu gehört das *Bison* Nordamerikas und sein europäischer Partner, der *Wisent,* sowie der *Wapiti* Nordamerikas und der deutsche *Rothirsch.* In Gefangenschaft sind die jeweiligen Artenpaare zwar fruchtbar kreuzbar, in ihren Eigenschaften jedoch schon so verschieden, daß man sie sy-

Semispezies und
Superspezies

stematisch jeweils als *Semispezies* („Halbarten") einer gemeinsamen „*Superspezies*" unterordnet.

Rassen- und Artbildung auf Inseln

Inselpopulationen auch kontinental verbreiteter Arten entwickeln aufgrund ihrer Separation von den Populationen des Festlandes und der unterschiedlichen Selektion (Inseln z. B. mit z. T. anderem Klima) differente Eigenschaften. So weisen die zahlreichen Dalmatinischen Inseln jeweils verschiedene Rassen einer auf dem Festland verbreiteten Eidechsenart *(Lacerta sicula)* auf, und die *blauen Eidechsen* der Faraglioni-Felsen vor der Küste von Capri sind als eigene Rasse *(Lacerta sicula coezulea)* in Farbe und Verhalten deutlich von der auf der Insel Capri selbst verbreiteten Rasse *(Lacerta sicula sicula)* verschieden, obwohl sie nur durch einen schmalen, für die Eidechsen jedoch unüberwindlichen Meeresstreifen voneinander getrennt sind.

Inselrassen von Eidechsen

Vom Festland weit entfernte Inseln können durch zufällig (z. B. durch Stürme) verschlagene Vögel oder Insekten besiedelt werden, die dort eigene Populationen aufbauen und sich in der Separation von der Stammform zu unterschiedlichen Rassen, bei längerer Trennung auch zu Arten entwickeln. So sind die Kanarischen Inseln offensichtlich zweimal vom Festland her vom *Buchfinken* besiedelt worden. Die Erstbesiedler weichen in zahlreichen Merkmalen von der Stammform ab und haben sich in der langen Zeit der Trennung so weitgehend different entwickelt, daß bei einer später erfolgten zweiten Besiedlung keine Vermischung mit den Neuankömmlingen mehr eintrat. So leben auf einigen der Kanarischen Inseln heute zwei Buchfinken-Arten unvermischt nebeneinander, der *Teydefink (Fringilla teydea)* und eine Rasse des europäischen Buchfinks *(Fringilla coelebs canariensis)*. Sie bilden auch verschiedene ökologische Nischen aus und können daher koexistieren. Eine solche *Mehrfachbesiedlung von Inseln* im Verlauf größerer Zeiträume ist vielfach vorgekommen und hat zur Bildung zahlreicher, auf bestimmte Inseln beschränkter Arten geführt *(Inselendemismus)*. So leben z. B. auf den Hawaii-Inseln über 250 *Drosophila*-Arten, und das ist etwa ein Viertel der Gesamtartenzahl dieser Fliegengruppe auf der ganzen Erde.

Unterschiedliche Nischen von Buch- und Teydefink, Seite 66

Auf Hawaii lebt ein Viertel aller Drosophila-Arten der Erde

Isolationsmechanismen –
die Verhinderung von Bastardierung

Die Angehörigen einer Art bilden eine Fortpflanzungsgemeinschaft, sind jedoch von denen anderer Arten reproduktiv getrennt, d. h., sie kreuzen sich unter natürlichen Verhältnis-

Biologische Artdefinition, Seite 70

sen nicht mit ihnen. Während die (in der Regel geographische) Separation das Differentwerden von Populationen ermöglicht, sorgt die Isolation dafür, daß nach eventueller sekundärer geographischer Überlappung der vorher getrennten Populationen keine Vermischung zwischen ihnen eintritt. Wenn im gleichen Verbreitungsgebiet (sympatrisch) lebende Populationen sich nicht verbastardieren, dann liegen eben 2 getrennte Arten vor. *Isolationsmechanismen verhindern eine Verbastardierung verschiedener Arten, sorgen also für eine genetische Sonderung der Arten.* Man kennt eine Reihe verschiedener Isolationsmechanismen, von denen nur die wichtigsten angeführt sind. Grob kann man unterscheiden zwischen solchen, die erst nach der Kopulation wirksam werden (metagame Isolationsmechanismen), und solchen, die bereits eine Kopulation ausschließen (progame Isolationsmechanismen). Als *metagame Isolationsmechanismen* können z.B. wirken:

Unverträglichkeit des Genoms der beiden Arten, so daß es zu Störungen der Keimentwicklung und zum Absterben des Bastardkeims kommt *(Bastardsterblichkeit). Verminderte Vitalität* oder Konkurrenzunterlegenheit der Bastarde, so daß sie der Selektion zum Opfer fallen.

Sterilität des Bastards, so daß er als Glied in der Generationenfolge ausscheidet.

Progame Isolationsmechanismen dagegen verhindern bereits eine Paarung und schließen damit die Entstehung eines Bastards aus; sie sind daher besonders verbreitet. Als progame Isolationsmechanismen wirken u.a.:

Jahreszeitliche oder *zyklische Isolation:* Die betreffenden Arten werden zu verschiedenen Zeiten im Jahr sexuell aktiv, haben also verschiedene Fortpflanzungszeiten. Einige unserer Frösche und Lurche z.B. laichen in Abhängigkeit von der Wassertemperatur zu verschiedenen Zeiten. Nahe verwandte Termitenarten können zu verschiedenen Zeiten im Jahr ihren Hochzeitsflug durchführen und dadurch sexuell isoliert sein. Auch zwei Schmetterlingsarten der Gattung *Ephestia* sind jahreszeitlich isoliert. *E. unedontata* schlüpft früher, und seine Raupen fressen am *Erdbeerbaum (Arbutus), E. innotata* schlüpft später und frißt als Raupe an *Beifuß (Artemisia),* worin sich also auch eine ökologische Sonderung (verschiedene Fraßpflanzen) zeigt. Im Labor kann man durch Temperaturbehandlung der Puppen beide Arten gleichzeitig zum Schlüpfen bringen, und dann verbastardieren sie auch.

Metagame (postzygotische) Isolationsmechanismen

Maulesel als Bastarde von Esel und Pferd sind steril

Progame (praezygotische) Isolationsmechanismen

Zyklische Isolation

Mechanische Isolation: Bei einer Reihe von Gliederfüßern (z. B. Spinnen, Tausendfüßer und Insekten) sind die weiblichen und männlichen Kopulationsorgane oft außerordentlich kompliziert gebaut und passen wie Schlüssel und Schloß zueinander. Dadurch kann rein mechanisch eine Kopulation artfremder Partner ausgeschlossen sein. In der Mehrzahl der Fälle sind an der Isolation auch solcher Arten zusätzlich andere Isolationsmechanismen beteiligt.

Ethologische Isolation. Vor allem bei höher organisierten Tieren (mit gut entwickelten Sinnesorganen) spielt die *ethologische Isolation* eine entscheidende Rolle. Sie beruht darauf, daß die Angehörigen einer Art sich angeborenermaßen (instinktiv) oder durch einen besonderen weitgehend irreversiblen Lernvorgang *(Prägung)* an bestimmten Kennzeichen oder Merkmalen als Artgenossen erkennen und nur einen solchen als Geschlechtspartner zulassen. Einige der Eigenschaften, die solche Tiere aufweisen, stehen also im Dienste der Arterkennung und sind Kennzeichen im wahrsten Sinne des Wortes, die sich an den Artgenossen richten und von diesem wahrgenommen werden. Die Mannigfaltigkeit der Organismen in Färbung und Musterung, in Lauterzeugung und Balzverhalten usw. ist demnach z. T. unter dem Selektionsdruck entstanden, *Artkennzeichen* zur Verhinderung von Artbastardierung zu entwickeln. Solche Eigenschaften haben im wahrsten Sinne des Wortes einen *arterhaltenden Wert.*

Je nach den Sinnesorganen, an die sich solche Artkennzeichen richten, kann man verschiedene Typen von *Artmerkmalen* unterscheiden. *Chemische Artkennzeichen* in Form von Düften. Sie spielen bei zahlreichen Insektenarten (z. B. Schmetterlingen) eine Rolle, wo meist die Weibchen jeweils artspezifische Lockdüfte *(Pheromone)* aussenden, auf welche die Männchen selektiv ansprechen und dadurch nur artgleiche Weibchen begatten. Auch im Sexualleben von Säugetieren sind artspezifische Düfte von Bedeutung; vor allem daran erkennen sich z. B. die so unterschiedlich gestalteten Hunderassen als Artgenossen.

Akustische Artkennzeichen. Zahlreiche Vogelarten, aber auch Heuschrecken, Grillen, Frösche u. a., produzieren vor allem zur Fortpflanzungszeit artspezifische Laute oder Gesänge, an denen sich die Artgenossen erkennen. Das gilt vor allem auch für Arten, die sich optisch wenig unterscheiden. So sind die

Optische Artkennzeichen
Köpfe von fünf afrikanischen *Meerkatzen,* die jeweils eine artcharakteristische Zeichnung besitzen. Auffallend ist, daß wenige Färbungselemente ausreichen, um das Erscheinungsbild des Kopfes vielfach zu variieren.

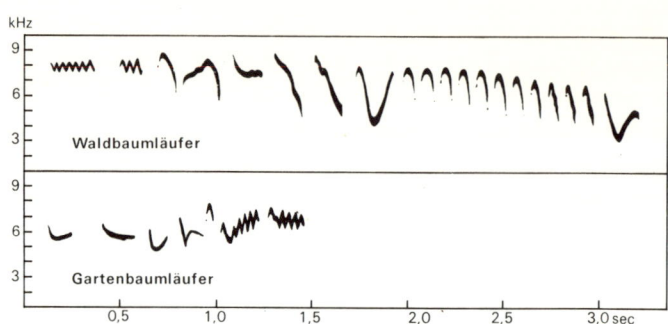

Klangspektrogramme (Sonagramme) der *Gesänge* von Waldbaumläufer und Gartenbaumläufer zeigen, daß sich die beiden im Aussehen sehr ähnlichen, sympatrischen Arten (Abb. Seite 75) im Gesang deutlich unterscheiden.

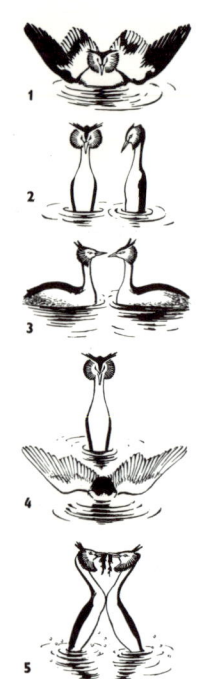

Ritualisierung:
Paarungsrituale des Haubentauchers, Ausschnitt aus einer Handlungskette. **1** das Männchen präsentiert die Flügel vor dem Weibchen, **2** taucht anschließend unter u. richtet sich auf, **3** Männchen u. Weibchen schütteln die Köpfe, **4** das Weibchen breitet vor dem aufgerichteten Männchen die Flügel aus, **5** Tanzen der beiden Partner mit Auftauchen, Aufrichten u. Berühren, dazu werden Wasserpflanzen präsentiert.

früher genannten Artenpaare unter den Vögeln, wie Sommer- und Wintergoldhähnchen, Wald- und Gartenbaumläufer, Fitis und Zilpzalp, in Gestalt und Färbung kaum zu unterscheiden, weisen jedoch sehr differente Gesänge auf.

Optische Artkennzeichen. Für den Menschen als „Augenwesen" sind am auffälligsten optische Artkennzeichen. Dazu gehören einmal charakteristische Verhaltensweisen, wie sie in der Balz zahlreicher Tiere auftreten, zum anderen artspezifische Gestalt- oder Farbmerkmale. Oft sind auffallende optische Kennzeichen nur bei einem der beiden Geschlechter (in der Regel beim Männchen) entwickelt, während die Weibchen, die das Brutgeschäft und das Führen der Jungen übernehmen, eine unscheinbare Schutzfärbung aufweisen.

Bei den *Entenvögeln* z. B. sind die Weibchen der verschiedenen Arten wenig unterschiedlich gefärbt, während die nicht brütenden und an der Aufzucht der Jungen nicht beteiligten Männchen zur Fortpflanzungszeit ein jeweils arttypisches, von dem anderer Arten auffallend verschiedenes Prachtkleid anlegen. Außerhalb der Fortpflanzungszeit, wenn ein Isolationsmechanismus unnötig ist, vermausern auch die Männchen in ein weniger auffälliges Schlichtkleid.

Typische Farbmuster finden wir außer bei Vögeln z. B. auch bei Fischen, wo zum Teil ebenfalls nur zur Balzzeit besondere Farbmerkmale auftreten (z. B. der rote Bauch beim *Stichlingsmännchen*). Die typischen Musterunterschiede bei nahe-verwandten *Korallenfischen* und die entsprechenden Unterschiede in der Gesichtsmusterung von *Meerkatzen*, die gleichzeitig auch dem Zusammenhalt der artgleichen Horden dienen, sind weitere Beispiele für die Ausbildung optischer Artmerkmale.

In manchen Fällen sind artcharakteristische Farbmerkmale unauffällig und auf relativ kleine Körperpartien beschränkt. So ist bei den Arten der *europäischen Schwäne* die Schnabel-

82

färbung verschieden, allerdings nur bei den fortpflanzungsfähigen, geschlechtsreifen Tieren, während die Jungvögel sich in dieser Beziehung wenig unterscheiden. Selbst so minutiöse Unterschiede, wie die Färbung der Iris des Auges und die einer unbefiederten Hautpartie um das Auge, können optische Artkennzeichen abgeben, wie es für einige arktische Möwenarten nachgewiesen ist. Ändert man die Farbe dieses Augenrings durch Bemalung, so lösen sich sogar bereits gebildete Paare wieder auf, da der „geschminkte" Partner offenbar nicht mehr als Artgenosse erkannt wird. All die genannten „Artkennzeichen" dienen übrigens nicht nur zur Kennzeichnung des artgleichen Geschlechtspartners, auch der artgleiche Rivale wird daran erkannt (wichtig z. B. bei den ökologisch so eng eingenischten zahlreichen Korallenfischarten), der dann in Revierkämpfe verwickelt wird.

Augenpartie dreier arktischer Mövenarten

ARTKENNZEICHEN UND KONTRASTBETONUNG. Ein Selektionsdruck auf die Ausbildung von unterschiedlichen Artcharakteristika zum Erkennen des Artgenossen als Geschlechtspartner wirkt natürlich besonders in solchen Gebieten, wo nahe Verwandte und „zum Verwechseln" ähnliche Arten vorkommen. Fehlen solche und ist damit die Gefahr einer Verbastardierung nicht gegeben, so sind auch entsprechende Unterschiede ohne Bedeutung. Es findet sich daher im Bereich der Isolationsmechanismen das Phänomen der *Kontrastbetonung* in ähnlicher Weise wie bei der Ausbildung unterschiedlicher ökologischer Nischen. So sind die beiden *Kleiberarten Sitta tephronota* und *Sitta neumayer* im Überlappungsgebiet ihrer Verbreitung im Hinblick auf die Ausbildung eines dunklen Augenstreifens deutlich verschieden, während sie in jenen Gebieten, wo nur eine der beiden Arten vorkommt, sehr ähnlich gezeichnet sind. Entsprechendes kennt man auch von Gesängen bei Vögeln und Grillen. Auch hier bestehen in manchen Fällen dort, wo zwei nahe verwandte Arten sympatrisch vorkommen, größere Differenzen als außerhalb dieses Gebietes (wo sie allopatrisch leben). Gewissermaßen ein „negatives" Gegenstück zu diesen Fällen von Kontrastbetonung im Bereich der Arterkennung stellen jene dar, wo auf kleinen Inseln jeweils nur eine Art einer Verwandtschaftsgruppe vorkommt und folglich keine „Verwechslungsmöglichkeiten" gegeben sind. Bei einigen Schwimmentenarten gibt es Inselrassen, bei denen auch die Männchen nur ein Schlichtkleid tragen, also niemals das an

Kontrastbetonung und ökologische Nische, Seite 66; Abb. Seite 84

Abbau des Prachtkleides auf Inseln

Nahe verwandte Arten weisen in jenen Teilen ihres Verbreitungsgebietes, in denen sie nebeneinander vorkommen *(Überlappungsgebiet)*, in manchen Fällen stärkere Differenzen auf als außerhalb dieses Gebietes. Nur im Überlappungsgebiet können sie sich *Konkurrenz* machen und diese durch die Ausbildung unterschiedlicher *Nahrungsnischen* abschwächen. Dies äußert sich z. B. bei 2 Kleiberarten *(Sitta neumayer,* dem *Felsenkleiber,* und *Sitta tephronota* aus der *Ferghana)* in Unterschieden des Schnabelbaues; auch optische Artkennzeichen werden im Überlappungsbereich stärker different und können so in den Dienst der Isolation treten: im Überlappungsgebiet hat *Sitta tephronota* einen stärkeren Schnabel und eine betontere Kopfzeichnung, *Sitta neumayer* dagegen einen feineren Schnabel und eine abgeschwächtere Kopfzeichnung als im »nicht-gestörten« Verbreitungsgebiet.

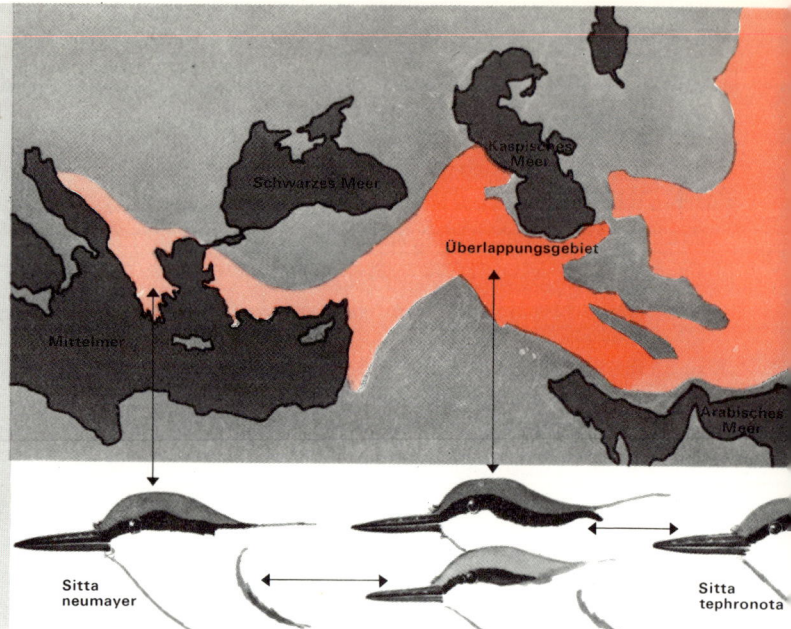

Schnabelunterschiede der Kleiber (Abb. oben) vgl. Seite 66

„Abzeichen" reiche Prachtkleid ausbilden. Unter diesen besonderen Selektionsbedingungen hat der Selektionsdruck auf Ausbildung eines tarnenden Schlichtkleides auch im männlichen Geschlecht die Oberhand bekommen, da ein Selektionsdruck auf „unterschiedliche Artkennzeichen" wegen des Fehlens verwechselbarer Objekte fehlt. Solche stets schlichtfarbene Erpel finden sich bei den Populationen der *Stockente* auf Hawaii, der *Spießente* der Kerguelen und Crozet-Inseln und bei der chilenischen *Krickente.* In ihrem übrigen Verbreitungsgebiet zeigen die Erpel dieser Arten ein Prachtkleid.

Isolationsmechanismen bei Pflanzen

ISOLATIONSMECHANISMEN BEI PFLANZEN. Im Hinblick auf metagame Isolationsmechanismen, also nach der Befruchtung wirkende, liegen die Verhältnisse bei den Pflanzen ähnlich wie bei den Tieren. Auch hier kommen *Bastardsterblichkeit, Sterilität,* Konkurrenzunterlegenheit und verminderte Fertilität des Bastards vor. Vielfach kommt es auch gar nicht erst zu einer Befruchtung der Eizelle, da der Pollen auf der Narbe einer anderen Art keinen Pollenschlauch austreibt oder dieser sein Wachstum vorzeitig einstellt und die Eizelle nicht erreicht. Unter den progamen Isolationsmechanismen kommt

Jahreszeitliche Isolation

jahreszeitliche Isolation natürlich auch bei Pflanzen vor, da

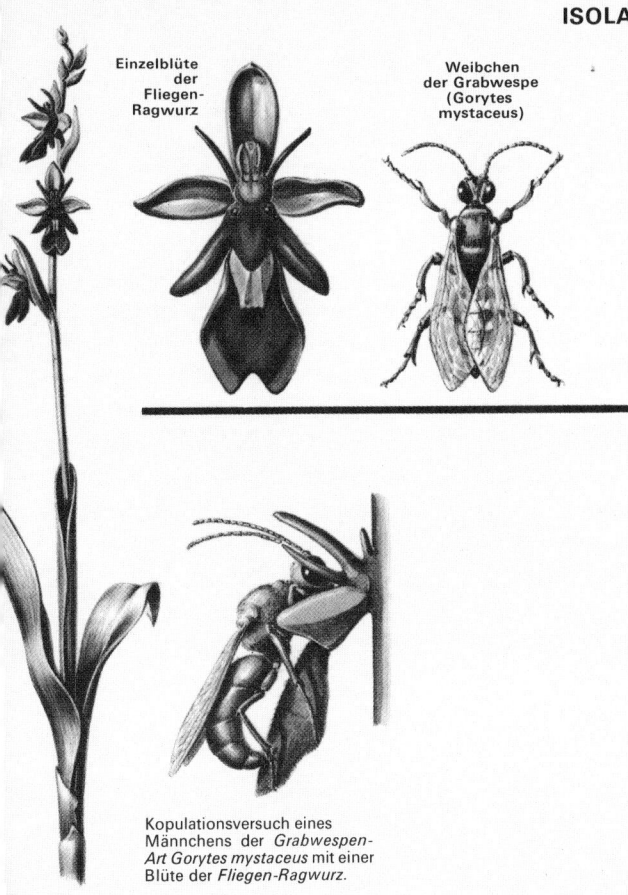

Einzelblüte
der
Fliegen-
Ragwurz

Weibchen
der Grabwespe
(Gorytes
mystaceus)

Kopulationsversuch eines
Männchens der *Grabwespen-
Art Gorytes mystaceus* mit einer
Blüte der *Fliegen-Ragwurz.*

Fliegen-Ragwurz
(*Ophrys muscifera*)

Pflanzen können durch Form und Farbe der Blüte und durch Duft jeweils spezifische Insektenarten als Bestäuber anlocken und dadurch in gewissen Grenzen die Möglichkeiten einer Verbastardierung einschränken.

Bei den *Orchideen* der Gattung *Ophrys* (Abb. links) täuschen die Blüten das Aussehen der Weibchen bestimmter Wildbienen oder Grabwespenarten vor und locken auf diese Weise die Männchen dieser Arten an, die mit der Blüte zu kopulieren versuchen und dabei Pollen übertragen. Es wird von den Blüten kein Nektar geboten.

Aquilegia pubescens

Zwei *Akelei*-Arten des westlichen Amerikas, von denen die eine, *Aquilegia pubescens*, nur von langrüsseligen Schwärmern *(Sphingidae)*, die andere, *Aquilegia formosa*, nur von Kolibris bestäubt werden kann.

Zahlreiche Blütenpflanzen bergen den Nektar in einem mehr oder weniger langen Blütensporn, so daß er nur von bestimmten Insekten oder Vögeln mit entsprechend langen Saugapparaten erreicht werden kann (Abb. oben und rechts).

Die auf Madagaskar blühende Orchidee *Angraecum sesquipedale* hat einen 25—30 cm langen Nektarsporn. Nur der Schwärmer *Xanthopan morgani praedicta* hat einen entsprechend langen Rüssel und kommt so als Bestäuber in Frage. 1862 vermutete *Ch. Darwin* in seinem Orchideenbuch, daß es auf Madagaskar ein Insekt mit einem so langen Rüssel geben müsse, um den Nektar aus dem Sporn dieser Blüte zu schöpfen. 1903 wurde dieses Insekt, der oben abgebildete Schwärmer, entdeckt; die Bezeichnung »praedicta« (»vorhergesagt«) erinnert daran.

Nektar-
sporn
von
**Angraecum
sesquipedale**

Aquilegia formosa

verschiedene Arten zu unterschiedlichen Zeiten im Jahr blühen. So blüht z. B. der *Rote Holunder (Sambucus racemosa)* früh im Jahr, der *Schwarze Holunder (S. nigra)* später. Bringt man beide durch experimentelle Eingriffe gleichzeitig zum Blühen, so lassen sie sich kreuzen. Eine Gruppe sympatrisch lebender tropischer Orchideenarten der Gattung *Dendrobium,* die jeweils nur wenige Stunden blühen, öffnen ihre Blüten z. T. nur in Abständen von je einem Tag.

Aufgrund des Fehlens entsprechender Sinnesorgane und wegen der Passivität der Pflanzen bei der Übertragung des Pollens auf die Narbe kommen ethologische Isolationsmechanismen bei Pflanzen unmittelbar nicht vor. Jene Blütenpflan

zen, die von Tieren bestäubt werden *(zoogame Arten),* nutzen jedoch gewissermaßen die Sinnesorgane ihrer Bestäuber zum Aufbau von Isolationsmechanismen aus. So locken viele Blütenpflanzen durch spezifische *Blütenfarben* und *-formen* oder durch spezifische *Düfte* jeweils bestimmte Bestäuber an, die dann eine gewisse *Blütenstetigkeit* zeigen, d. h. bevorzugt gleichartige Blüten besuchen und so die Übertragung des Pollens auf die Narbe eines artgleichen Individuums gewährleisten. Die Auswahl des *Artgenossen* übernehmen in diesen Fällen die Sinnesorgane der Bestäuber. Eine gewisse mecha

nische Isolation kommt zusätzlich dadurch ins Spiel, daß die Blüten zahlreicher Blütenpflanzen durch ihren Bau nur bestimmten Insekten oder Vögeln den Besuch und das Erreichen des Nektars ermöglichen, sei es durch Ausbildung langer oder besonders orientierter Blütensporne, durch die Ausbildung enger Zugänge zur Blütenkrone usw.

Einen besonders interessanten Weg haben die Arten der *Orchideengattung Ophrys* eingeschlagen, die als *Fliegenorchis, Hummelorchis* usw. bekannt sind. Hier gleichen die Blüten in Gestalt und Farbgebung und offensichtlich auch im Duft den Weibchen bestimmter Insektenarten aus der Gruppe der Hautflügler. Die Männchen dieser Arten lassen sich in der Tat täuschen und versuchen, die von den Ophrysblüten gebotenen *Weibchenattrappen* zu begatten, wobei sie den Pollen übertragen. Da die Männchen bevorzugt die Blüten jener Ophrys-Art anfliegen, die jeweils ihre Weibchen imitieren, ist hier ein Isolationsmechanismus entstanden, der gewissermaßen den der bestäubenden Hautflüglerarten übernimmt.

Sympatrische Artbildung

Während die allopatrische Artbildung durch eine geographische Separation eingeleitet wird, können in besonders gelagerten Fällen auch sympatrisch, also im selben Verbreitungsgebiet lebende Individuen einer Art durch besondere Mechanismen am Genaustausch gehindert werden; dadurch kann eine neue Population aufgebaut werden, die reproduktiv von der Ausgangspopulation getrennt ist und sich so zu einer eigenen Art entwickeln kann.

Verhinderung des Genaustausches, Seite 72

Während die Bedeutung der *sympatrischen Artbildung* für die Evolution der Tiere noch umstritten ist und sie dort eine geringe Rolle zu spielen scheint, ist sie im Pflanzenreich offensichtlich verbreitet. Dies liegt daran, daß eine besondere Form der Mutation *(Genommutation)* bei Pflanzen relativ häufig ist, die Polyploidie, Bei *Polyploidie* kommt es zu einer Verdoppelung des Chromosomensatzes einer Art *(Autopolyploidie)*. Die Kreuzung von Pflanzen mit einer unterschiedlichen Anzahl von Chromosomensätzen führt in der Regel zu Bastarden, die keine normale Reduktionsteilung (Meiosis) durchführen können und daher steril sind. Ein polyploid gewordenes Individuum einer Pflanzenart hat auf diese Weise sofort einen Isolationsmechanismus gegenüber den übrigen, diploiden Mitgliedern seiner Population gewonnen, der den Genfluß verhindert und so den Aufbau einer eigenen Population ermöglicht. In der Tat kennen wir eine Reihe von nahe verwandten Pflanzenarten, deren Chromosomensätze jeweils das Vielfache einer Grundzahl darstellen und damit auf Entstehung durch Polyploidisierung hinweisen, so z. B. bei verschiedenen Arten der *Rosen* (Gattung *Rosa*) mit 14, 28, 42 und 56 Chromosomen (Grundzahl 7). Etwa ein Drittel aller höheren Pflanzenarten scheinen durch *Polyploidie* entstanden zu sein, lediglich bei den Nadelbäumen *(Coniferen)* ist sie nur selten festzustellen. *Das Auftreten von Polyploidie ermöglicht bei Pflanzen jedoch auch die Entstehung neuer Arten als Kreuzungsprodukte nahe verwandter Ausgangsarten.* Während Bastarde im allgemeinen wegen der Unterschiede in den Chromosomensätzen Störungen in der Reifeteilung (Meiosis) aufweisen, da die Chromosomen keinen homologen Partner finden, kann diese Schwierigkeit durch Polyploidisierung des Bastards *(Allopolyploidie)* beseitigt und dadurch Fruchtbarkeit erreicht werden. Diese Allopolyploidie schafft gleichzeitig eine Isolation gegenüber den Ausgangsarten, so daß wie-

Sympatrische Artbildung durch Polyploidie bei Pflanzen

Mutationen, Seite 34

Autopolyploidie

Artbildung durch Polyploidie von Bastarden

Allopolyploidie

derum eigene Populationen und letztlich Arten aus solchen Kreuzungen hervorgehen können. Außer bei einigen Wildpflanzen (relativ häufig bei Farnen) spielt bei der Entstehung vieler *Kulturpflanzenarten* Bastardierung und anschließende Polyploidisierung eine große Rolle. So ist z. B. die amerikanische *Kulturbaumwolle (Gossypium)* mit einem doppelten (diploiden) Chromosomensatz (2n) von 52 Chromosomen ein (allo-)polyploider Bastard aus der amerikanischen (2n = 26) und asiatischen (2n = 26) Wildform der Baumwolle. Ähnliches gilt für einige *Tabake,* die *Hauspflaume (Prunus domestica),* die einen allopolyploiden Bastard von der tetraploiden

Viele Kulturpflanzen sind durch Allo- bzw. Autopolyploidie entstanden

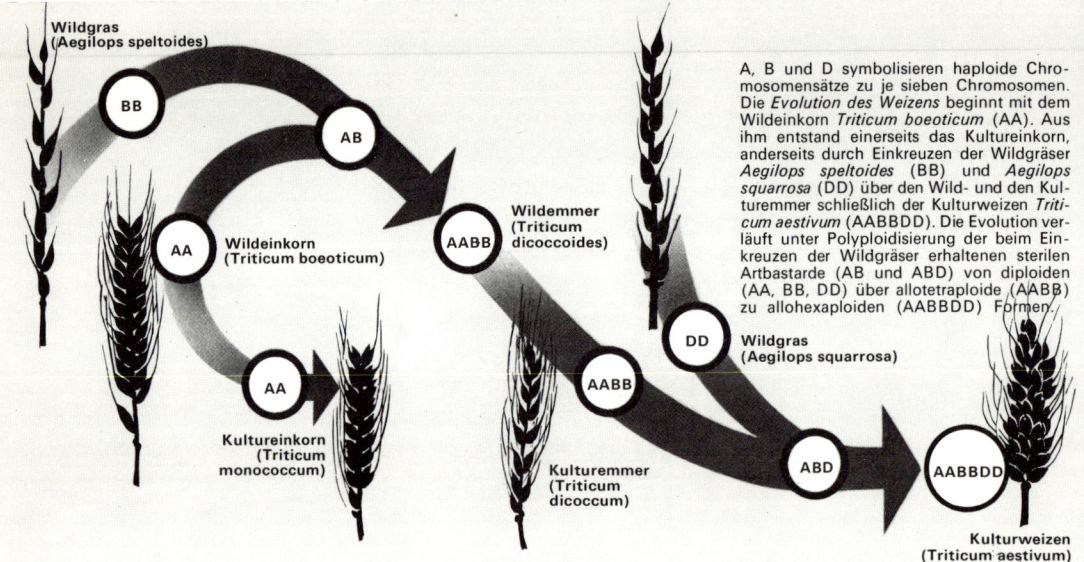

A, B und D symbolisieren haploide Chromosomensätze zu je sieben Chromosomen. Die *Evolution des Weizens* beginnt mit dem Wildeinkorn *Triticum boeoticum* (AA). Aus ihm entstand einerseits das Kultureinkorn, anderseits durch Einkreuzen der Wildgräser *Aegilops speltoides* (BB) und *Aegilops squarrosa* (DD) über den Wild- und den Kulturemmer schließlich der Kulturweizen *Triticum aestivum* (AABBDD). Die Evolution verläuft unter Polyploidisierung der beim Einkreuzen der Wildgräser erhaltenen sterilen Artbastarde (AB und ABD) von diploiden (AA, BB, DD) über allotetraploide (AABB) zu allohexaploiden (AABBDD) Formen.

Wildgras (Aegilops speltoides)
BB
AB
AA Wildeinkorn (Triticum boeoticum)
AABB Wildemmer (Triticum dicoccoides)
AA
Kultureinkorn (Triticum monococcum)
AABB
Kulturemmer (Triticum dicoccum)
DD Wildgras (Aegilops squarrosa)
ABD
AABBDD Kulturweizen (Triticum aestivum)

Schlehe *(Prunus spinosa)* und der diploiden *Kirschpflaume (Prunus cerasifera)* darstellt, folglich über 6 Chromosomensätze (4 von der Schlehe und 2 von der Kirschpflaume) verfügt, also hexaploid ist. Auch viele unserer Getreidesorten sind allopolyploid, so z. B. der Kulturweizen, dessen Ahnenreihe gleich zweimal eine Artbastardierung mit anschließender Polyploidisierung aufweist (siehe Abbildung).

Im Tierreich ist typische Polyploidie selten. Dies liegt im wesentlichen wohl daran, daß die meisten Tiere getrenntgeschlechtlich sind, wobei das Geschlecht genetisch festgelegt ist (während viele Pflanzen Zwitter sind). Eine Polyploidisierung der Weibchen mit den Geschlechtschromosomen XX würde XXXX-Individuen ergeben, die der Männchen, mit

Genotypische Geschlechtsbestimmung

XY-Chromosomen, XYXY. Dabei entstehen im männlichen Geschlecht nach der Reifeteilung XY-Spermien, die nach der Befruchtung von XX-Eiern XXXY-Zygoten ergeben. Damit ist der Geschlechtsbestimmungsmechanismus gestört. Das macht das Auftreten polyploider zweigeschlechtlicher Arten bei Gruppen, die diesen oder einen ähnlichen Mechanismus der Geschlechtsbestimmung aufweisen (unter den Wirbeltieren z. B. die Reptilien, Vögel und Säuger), faktisch unmöglich. Dennoch gibt es auch *Polyploidie im Tierreich*, allerdings nahezu stets bei Arten, die sich entweder durch Jungfernzeugung *(parthenogenetisch)* fortpflanzen oder Zwitter (wie die meisten höheren Pflanzen) sind. So kennt man polyploide Formen bei manchen *Strudelwürmern (Dendrocoelium)*, einigen *Regenwürmern (Diplocardia)*, beim *Salinenkrebschen (Artemia)*, der parthenogenetischen *Assel*-Rasse *Trichoniscus elisabetha coelebs* (die bisexuelle Rasse ist jedoch diploid!), bei dem Schmetterling *Solenobia* (wieder mit auch diploiden bisexuellen Rassen), beim *Rüsselkäfer Otiorhynchus*, aber auch bei bisexuell sich fortpflanzenden Arten (mit anderem Geschlechtsbestimmungsmechanismus), so in der südamerikanischen *Frosch*-Familie *Ceratophrytidae,* wo wir in der Gattung *Odontophrynus* die diploide Art *O. cultripis* (2n = 22 Chromosomen) neben der tetraploiden *O. americanus* (2n = 44) kennen. *Ceratophrys dorsata* ist gar octoploid (8facher Chromosomensatz). Die in neuester Zeit nachgewiesene Polyploidie bei den in Arizona verbreiteten Echsen der Gattung *Cnemidophorus (Teiidae)* ist dagegen wieder mit Parthenogenese verbunden.

Nach allem, was wir wissen, hat demnach Auto- und vor allem Allopolyploidie in der Evolution des Tierreichs (ganz im Gegensatz zu der der Pflanzen) eine untergeordnete Rolle gespielt.

Fassen wir zusammen, was die sympatrische Artbildung über Polyploidisierung von der allopatrischen grundsätzlich unterscheidet.

1. Die sympatrische Artbildung geht stets von einzelnen Individuen (die polyploid werden) aus, während die allopatrische Artbildung sich an geographisch getrennten Populationen vollzieht.

2. Bei der sympatrischen Artbildung durch Polyploidisierung wird „schlagartig" ein Isolationsmechanismus gegenüber den übrigen Mitgliedern der bisherigen Population aufgebaut und fungiert somit gleichzeitig als

Polyploidie im Tierreich

Strudelwürmer, Abb. Seite 65

Vergleich von sympatrischer und allopatrischer Artbildung

89

Separation und Isolation,
Seite 72 und 79

Separationsmechanismus, d.h. als der Mechanismus, der die getrennte Entwicklung einer vom polyploiden Gründerindividuum ausgehenden Population ermöglicht. Bei der allopatrischen Artbildung geht die Separation der Ausbildung eines Isolationsmechanismus voraus.

Transspezifische Evolution

Die Phänomene, die zur Rassen- und Artbildung führen, sind relativ gut zu überblicken, und die dabei wirksamen Faktoren sind im wesentlichen erfaßt. Man bezeichnet diesen im *Artbereich* ablaufenden Prozeß der Evolution als *Mikroevolution* oder *infraspezifische Evolution*. Die dabei ablaufenden Transformationen und Neubildungen von Eigenschaften sind zwischen den Schwesterarten relativ gering. Es erhebt sich nun die Frage, ob auch die weit größeren Merkmalsunterschiede, wie sie zwischen höheren systematischen Einheiten bestehen, z.B. zwischen verschiedenen Familien, Ordnungen, Klassen oder sogar Stämmen, jeweils durch das Wirken der oben besprochenen Evolutionsfaktoren zustande gekommen sind (wofür vieles spricht) oder ob bei dieser *Makroevolution* oder *transspezifischen Evolution* grundsätzlich andere Faktoren im Spiel waren. Vor allem die Entstehung neuer Typen, z.B. die der Vögel oder Säugetiere aus den Reptilien, die sog. *Typogenese*, interessiert in diesem Zusammenhang.

Infraspezifische Evolution, Mikroevolution *(marginal note)*

Transspezifische Evolution, Makroevolution *(marginal note)*

Die additive Typogenese

Einige Forscher haben für die Entstehung neuer Organisationstypen eigene Großmutationen *(Makromutationen)* angenommen, die „schlagartig" neue Komplexmerkmale und damit einen *Typensprung* hervorgebracht haben sollen. Da selbst die beobachteten normalen Kleinmutationen oft schwierige Eingriffe in die Genbalance des zusammenwirkenden Genoms eines Individuums darstellen, ist nach unseren heutigen Kenntnissen mit dem Auftreten günstiger Großmutationen für die Entstehung harmonischer neuer Organisationstypen nicht zu rechnen. Da weiterhin die Paläontologie in einer ganzen Reihe von Fällen bei Vorliegen von umfangreichem Material kontinuierliche Abwandlungsreihen auch in solchen Fällen nachweisen konnte, in denen

Typensprung (= Saltation) scheidet aus *(marginal note)*

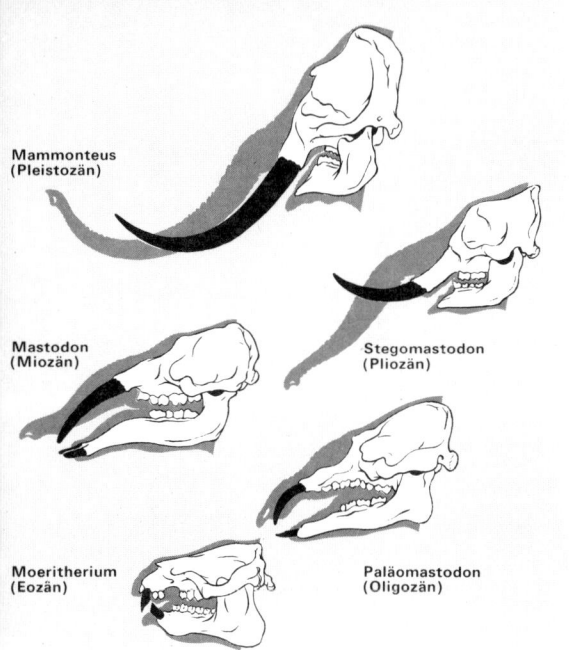

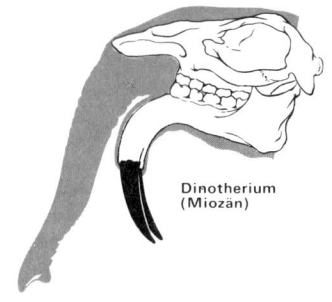

Mammonteus
(Pleistozän)

Mastodon
(Miozän)

Stegomastodon
(Pliozän)

Dinotherium
(Miozän)

Moeritherium
(Eozän)

Paläomastodon
(Oligozän)

Evolutionsstufen der Rüsseltiere

Ähnlich wie die bekannte Evolutionsreihe der Pferdeartigen ist auch die Evolutionsreihe der *Rüsseltiere (Proboscidier)* durch Fossilfunde recht gut belegt. Die Abbildungen links zeigen — für den Zeitraum zwischen Eozän und Pleistozän — einige wichtige Entwicklungsstufen aus einer Entwicklungsreihe, die zu unseren heutigen »Elefanten« führen. Man erkennt deutlich die Längenzunahme der oberen Schneidezähne, die schließlich zu *Stoßzähnen* werden, und die entsprechende Umgestaltung und Verlängerung von Oberlippe und Nase zu einem *Rüssel.*
Eine Seitenlinie der Rüsseltiere hat nicht die oberen, sondern die unteren Schneidezähne hauerartig entwickelt. Die Abbildung oben zeigt einen Vertreter der Gattung *Dinotherium* aus dem Miozän.

die dabei auftretenden Transformationen sehr weitgehend sind, wie z. B. bei der Evolution der „Pferdeartigen" und der der Rüsseltiere, spricht alles für einen Aufbau neuer Organisationstypen in kleinen Schritten, so daß man von einer *additiven Typogenese* sprechen kann. Auch die von der Paläontologie aufgefundenen *Übergangsformen* deuten mit dem Mosaikcharakter ihrer Eigenschaften auf eine solche schrittweise Entwicklung hin. Die dabei entwickelten neuen Merkmale, z. B. das Gefieder der Vögel oder die komplizierte Bezahnung der Säugetiere, die Umwandlung der Pferdeextremitäten usw., haben jeweils Anpassungscharakter, so daß als wirksame ausrichtende Kraft in diesem Bereich der Evolution ebenfalls die Selektion angenommen werden kann. Daß solche Evolutionsreihen im Bereich der transspezifischen Evolution über weite Abschnitte gerichtet ablaufen, also einen *Trend* aufweisen, liegt an der auf bestimmte Anpassungen hin gerichteten Selektion, die vielfach über weite Strecken der Phylogenie einer Gruppe in *derselben* Richtung wirkte *(Orthoselektion).* Die zunehmende Reduktion der Seitenstrahlen und die immer stärkere Betonung des Mittelstrahls bei der Ausbildung des Einhuferfußes der Pferde, die gerichtete Abwandlung des Zahnmusters der Pferde in Anpassung an die Grasnahrung sind bekannte Beispiele für eine derart „gerichtete" Evolution. Dasselbe gilt z. B. für die Entwicklung der Stoßzähne und des Rüssels der Rüsseltiere, wobei in manchen Seitenlinien, so bei *Dinotherium,* die Evolution zu einer Ver-

Evolution der Pferde, Abb. Seite 22 und 23

Fossile Übergangsformen, Abb. Seite 20

Gerichtete Entwicklung, Trends, durch Orthoselektion

Entwicklung der Pferdeextremitäten und Zähne: Abb. Seite 22

längerung der Zähne des Unterkiefers statt der des Oberkiefers führte, ein Zeichen dafür, daß in einer Verwandtschaftsgruppe durchaus unterschiedliche Trends auftreten können.

Typogenese und adaptive Radiation

Erschließung neuer Nischen, Seite 69

Im Bereich der infraspezifischen Evolution konnte gezeigt werden, daß neu entstandene Arten jeweils eine eigene ökologische Nische bilden, d.h. bislang ungenutzte Elemente ihrer Umwelt nutzen, sich z.B. neue Nahrungsquellen erschließen, die anderen Mitgliedern der Biozönose (Lebensgemeinschaft) noch nicht oder nicht in so effektiver Weise zugänglich sind.

Verhalten als „Schrittmacher" der Evolution

Typogenese und Umweltwechsel, Seite 69

Auch bei der Typogenese spielt ein Wechsel des Umweltbezugs die entscheidende Rolle, nur daß es sich hier in der Regel um einen Wechsel größeren Ausmaßes handelt. Die Eroberung des Landes durch die Fischgruppe der *Crossopterygier* im Devon, die Erschließung des Luftraums durch die Vögel oder Fledermäuse oder die Nutzung des Meeres als Lebensraum, von Landsäugetieren ausgehend, ein Schritt, wie ihn die Robben und in vollendeter Weise die Wale vollzogen haben, sind Beispiele dafür. Auf diese Weise werden gewissermaßen neue *Großnischen* erschlossen, die man auch als *ökologische Zonen* bezeichnen kann. Sind solche ökologischen Zonen erst einmal gebildet, so lassen sie sich durch entsprechende Spezialisierung in Unterzonen bis herunter zu den ökologischen Nischen von verschiedenen Arten untergliedern, d.h., in ihnen kann Evolution über Artbildung unter Aufspaltung in Formen mit Anpassungen in *verschiedenen* Richtungen ablaufen, eine Entwicklung, die als *adaptive Radiation* bezeichnet wird. Welche Möglichkeiten für eine solche adaptive Radiation bestehen und welches Ausmaß sie daher annehmen kann, hängt u.a. von folgenden Faktoren ab: 1. Welche Möglichkeiten bietet die Umwelt, d.h., welche ökologischen Nischen können mit ihr von den Organismen noch gebildet werden. Dabei ist zu bedenken, daß zur Umwelt auch die biotischen Faktoren (also andere Organismen) gehören und daher durch deren Evolution neue Zonen und Nischen möglich wurden. So hat erst die Entwicklung einer terrestrischen Pflanzenwelt eine Besiedlung des Landes durch die Tiere ermöglicht! Durch die Evolution von Blütenpflanzen sind ökologische Nischen für nektarsaugende Tiere, wie

Crossopterygier eroberten das Land, Seite 99; Abb. Seite 104

Ökologische Zone

Adaptive Radiation

Das „Angebot" der Umwelt (ökologische Lizenz, Seite 69)

z. B. Schmetterlinge oder Kolibris, möglich geworden. Erst die Besiedlung des Landes durch die höheren Pflanzen im Devon (erste Landpflanzen waren die *Nacktfarne = Psilophyten*) hat dort eine Nahrungsgrundlage für die später erfolgende „Landnahme" der Tiere geschaffen.

Evolution von Parasiten auf ihren Wirten, Abb. Seite 64

2. Welche Mutationen und Kombinationen treten bei den Organismen zufällig auf, die die Bildung dieser von der Umwelt her möglichen Nischen seitens der betreffenden Organismen erlauben (oder nicht). In manchen Fällen verbietet die Grundorganisation eines Organismus die Bildung einer bestimmten Nische oder gar Zone. So konnten z. B. die *Echinodermen (Stachelhäuter)*, die sich durch ein wassergefülltes und mit dem Meerwasser in offener Verbindung stehendes Ambulakralgefäßsystem fortbewegen, niemals das Land erobern. Die terrestrischen Gliederfüßer (Spinnen, Insekten) können wegen ihres (gewichtmäßig technisch ungünstigen) Außenskeletts (Panzer) und der Tracheenatmung nicht über eine gewisse Körpergröße hinaus und daher keine Großräuber (wie etwa die Säugetiere) entwickeln.

Die ökologische Potenz der Art

3. Welche Konkurrenten (andere Arten) existieren bereits, und welche ökologischen Nischen haben diese in der gegebenen Umwelt bereits gebildet. So haben z. B. heute „amphibisch" lebende Fischgruppen, wie etwa die *Lungenfische (Dipnoi)*, keine Chance, das Land zu erobern, wie es dereinst (als es noch keine Landwirbeltiere gab!) den *Quastenflosserfischen (Crossopterygiern)* gelang, da dort im „Grenzbereich" zum Wasser die inzwischen hochentwickelten Amphibien bereits ihre Nischen besetzt halten.

Das Fehlen überlegener Konkurrenten, Seite 106

Quastenflosser, Abb. Seite 104

Beispiele für adaptive Radiation

DIE DARWINFINKEN (GEOSPIZINAE). 1000 km vor der Westküste Ekuadors liegt auf der Höhe des Äquators die Gruppe der *Galápagosinseln*, ozeanische Inseln vulkanischen Ursprungs, die niemals Kontakt mit dem Festland hatten. Alle Pflanzen und Tiere, die sie heute besiedeln, sind, meist vom südamerikanischen Kontinent, entweder mit dem Wind dorthin verdriftet worden (z. B. Insekten und Vögel) oder mit treibenden Baumstrünken angelandet (z. B. Reptilien, wie die Schildkröten und Echsen). Da dies über eine so große Entfernung hinweg nur sehr selten und zufällig geschieht und nur bestimmte Arten einen solchen Transport überleben, ist die Fauna dieser Inseln relativ arm. Amphibien z. B., die Meer-

Darwinfinken der Galápagos

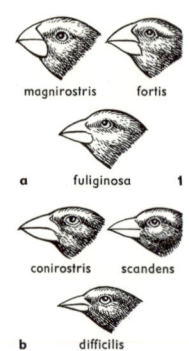

magnirostris   fortis

a   fuliginosa   1

conirostris   scandens

b   difficilis

Schnabelformen verschie-
dener Arten von Darwin-
finken. Von den Darwin-
finken gibt es 13 Arten in 4
Gattungen.

Das Fehlen der
Konkurrenz

Konkurrenz um Nahrung,
und Schnabelform

wasser absolut nicht vertragen, fehlen völlig, Säugetiere sind
nur in wenigen Arten (eine Fledermaus, zwei Robben, einige
Mäuse) vertreten. Die wenigen Ansiedler hatten daher Lebensräume zur Verfügung, die wenig oder gar nicht genutzt
waren und daher die Bildung zahlreicher ökologischer Nischen zuließen. Genau das ist geschehen, so daß die Galápagos heute geradezu eine Modellsituation für die Evolutionsforschung darbieten.

Das berühmteste Beispiel bietet dabei eine Finkengruppe, deren Mannigfaltigkeit auf den Galápagos bereits *Darwin* beim
Besuch dieser Inseln auffiel und wesentlich mit dazu beitrug,
ihn von der Existenz einer Evolution zu überzeugen. Ihm zu
Ehren nennen wir diese Vogelgruppe heute *Darwinfinken.*
Sie bilden eine eigene Unterfamilie (die *Geospizinae*) der *Fin-
kenvögel* und kommen mit 14 Arten ausschließlich auf den
Galápagos vor, sind dort also endemisch *(Entstehungsendemiten).* Sie sind alle unmittelbar miteinander verwandt und
gehen offensichtlich auf eine kleine Population einer einzigen
Art zurück, die wahrscheinlich im späten Tertiär (vor ca. 10
Millionen Jahren) auf diese Insel verschlagen wurde. Da dort
bereits eine Vegetation und auch Insekten (früher dorthin ge-
langt) vorhanden waren, jedoch noch keine Landvögel, boten
sich diesen Erstbesiedlern unter den Vögeln zahlreiche Le-
bensmöglichkeiten, ein reich gegliederter, nicht von Konkurrenten besetzter Lebensraum. Die Tatsache, daß die Galápagos aus mehreren kleinen Inseln bestehen, die immerhin so
weit voneinander entfernt sind, daß kein häufiger Austausch
zwischen den Bewohnern der einzelnen Inseln stattfinden
kann, bot dazu noch günstige Separationsbedingungen, so
daß sich auf den einzelnen Inseln getrennte Populationen bilden konnten. Diese Situation führte einerseits zur Bildung
mehrerer Arten (heute 14), andererseits zur Ausbildung sehr
unterschiedlicher ökologischer Nischen. Ein wesentlicher
Faktor, um den diese Vögel konkurrierten, war die Nahrung.
Ein Weg, dieser Konkurrenz zu entgehen, war die Spezialisierung der verschiedenen Arten auf unterschiedliche Nahrung. Da Konkurrenten aus anderen Vogelgruppen fehlten,
konnte dieser Weg beschritten werden. Damit im Zusammenhang stand die Adaptation (Anpassung) der Schnabelausbil-
dung, aber auch der Gesamtgestalt an die unterschiedlichen
Nahrungsquellen. Man kennt heute unter den Darwinfinken
Arten, die ihre Nahrung am Boden suchen *(Grundfinken),*
und solche, die sie in den Bäumen, an Kakteen und in der Man-

Insektenfresser
(ganz oder teilweise)

Pflanzenfresser
(ganz oder teilweise)

Unter besonderen Bedingungen — in den beiden Bei-spielen auf den Galápagosinseln und in Australien — können bestimmte Tierarten bei fehlender Konkurrenz die vorhandenen »freien Nischen« erobern und sich so in Anpassung an unterschiedliche Nischen in ver-schiedener Richtung entwickeln.

Die *Darwinfinken (Geospizinae)* der Galápagosinseln haben in Anpassung an unterschiedliche Nahrung oder an unter-schiedliche Orte der Nahrungssuche differente Schnabel-formen und Gestalten entwickelt. Die Ausgangsformen (Stammform) scheinen körnerfressende Finken (wie Typ g in der Abb. oben, der in Ekuador lebt) gewesen zu sein. Den höchsten Grad der Anpassung hat der *Spechtfink* (Photo unten) erreicht, der einen Kaktusstachel als »Werkzeug« be-nutzt, um Insekten aus Bohrlöchern in Baumstämmen heraus-zustochern.

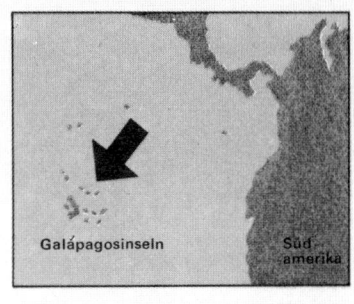

Galápagosinseln   Süd-amerika

Baumfinken (e) (f)
Gemischtköstler,
überwiegend
Früchte, Blätter

Baumfinken (d)
Gemischtköstler,
überwiegend
Insekten

Stammform (g)

Spechtfinken

Grundfinken (h)
Samenfresser

Insektenfresser
(a) (b) (c)

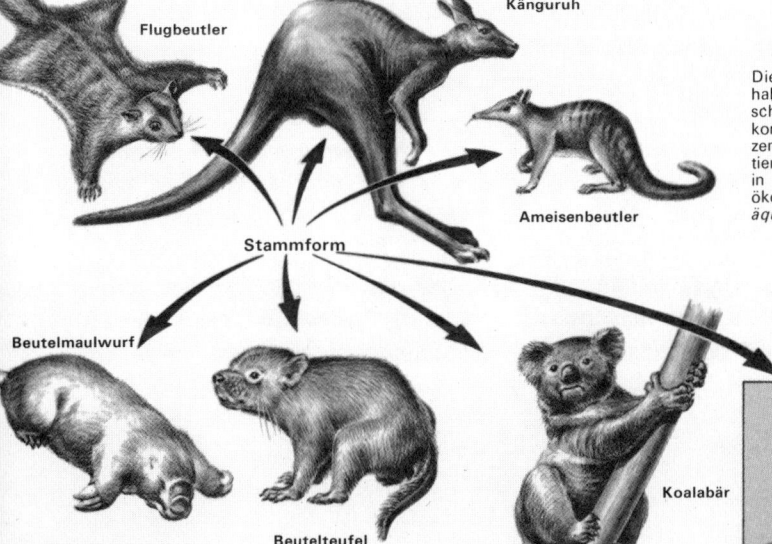

Flugbeutler

Känguruh

Ameisenbeutler

Stammform

Beutelmaulwurf

Beutelteufel

Koalabär

Die *Beuteltiere (Marsupialia)* Australiens haben die verschiedensten Typen mit unter-schiedlicher Lebensweise entwickelt. Es kommt dabei zu erstaunlichen Konvergen-zen mit bestimmten Formen höherer Säuge-tiere *(Placentalia)*, die in Australien fehlen, in der übrigen Welt aber ganz ähnliche ökologische Planstellen besetzen *(Stellen-äquivalenz)*.

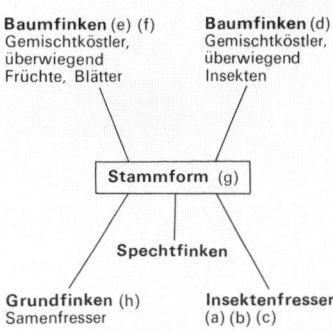

Beutelmaus

Werkzeuggebrauch des
Spechtfinken, Abb. Seite 95

grove zu finden wissen *(Baumfinken)*, aber nicht nur der Ort,
wo die Nahrung gesucht wird, sondern auch die Art der Nahrung selbst ist für die einzelnen Arten verschieden. Neben
Insektenfressern mit zarten und spitzen Schnäbeln finden wir
Körnerfresser mit kräftigen, z. T. klobigen Schnäbeln. Selbst
die im Holz bohrenden Insektenlarven werden als Nahrung
genutzt. Dazu bedarf es besonderer „Werkzeuge", wie sie
z. B. die Spechte in Form eines meißelförmigen Schnabels und
ihrer langen Zunge entwickelt haben. *Spechte* gibt es auf den
Galápagos nicht (sie haben die Insel nie erreicht). Zwei Arten
von Darwinfinken, die sog. *Spechtfinken (Cactospiza pallida
und heliobates)*, haben jedoch mit „anderen Mitteln" gewissermaßen eine Spechtnische gebildet. Sie brechen kleine Ästchen oder Kaktusstacheln ab, sondieren, diese im Schnabel
führend, damit in den Bohrlöchern und holen so die Insektenlarven heraus. Durch die Evolution dieser besonderen
Verhaltensweise (einer der wenigen Fälle von *Werkzeuggebrauch* im Tierreich) ist somit die Erschließung einer
neuen Nahrungsquelle möglich geworden.

Betrachtet man die Mannigfaltigkeit z. B. der Schnabelformen, der Lebens- und Verhaltensweisen der verschiedenen
Geospizinae-Arten, so zeigt sich, daß hier, von einer gemeinsamen Ausgangsform ausgehend, in verschiedene Richtungen Adaptionen erworben wurden, also das stattfand, was
man *adaptive Radiation* nennt, die hier zur Entwicklung einer eigenen Unterfamilie mit mehreren Arten geführt hat. Sie

Ökologische Lizenzen
und adaptive Radiation

war möglich, weil eine ungenutzte Umwelt *ökologische Lizenzen* für eine solche Entwicklung erteilte. Wären die Ahnen
der Darwinfinken auf dem südamerikanischen Kontinent geblieben, wo sie von zahlreichen anderen Vogelarten, die jeweils bestimmte Nischen bereits gebildet haben (z. B. echten
Spechten), „umstellt" waren, wäre ihnen eine solche adaptive
Radiation nicht möglich gewesen. Dementsprechend ist bei
den später (nach der Radiation der Darwinfinken) nach den
Galápagos gelangten Vogelarten (wir kennen rund 80) eine
entsprechende Radiation ausgeblieben, so z. B. beim *Galápagosbussard*, den *Spottdrosseln* und anderen. Andererseits ist
adaptive Radiation auf den Galápagos auch in anderen Organismengruppen aufgetreten, so z. B. bei den *Schnecken* der
Gattung *Bulimulus* und unter den Pflanzen bei der zu den
Compositen zählenden Gattung *Scalesia*, die mit Arten in
verschiedenen Wuchsformen (sogar baumförmig) vertreten
ist.

DIE KLEIDERVÖGEL (DREPANIDIDAE). Im Prinzip die gleiche Situation wie bei den Darwinfinken findet sich unter ähnlichen ökologischen Voraussetzungen auf den *Hawaii-Inseln* bei einer anderen Vogelfamilie, den *Kleidervögeln (Drepanididae)*, die mit rund 40 Arten endemisch für diese Inselgruppe sind und wohl ebenfalls als Erstbesiedler vor Ankunft der wenigen anderen Vogelgruppen dieser Inseln (Krähen, Drosseln und Fliegenschnäpper) ihre Evolution als adaptive Radiation durchlaufen haben. Neben Samen-, Frucht- und Insektenfressern gibt es unter den *Drepanididae* auch Blütennektar saugende Arten mit langen, gebogenen Schnäbeln (entsprechend den gekrümmten Blütenröhren der *Lobilien*, die sie besuchen) und Röhrenzungen, wie sie in Amerika die *Kolibris* (die auf Hawaii fehlen) entwickelt haben.

Die Kleidervögel von Hawaii

Auch die Fruchtfliegen (Drosophilidae) haben auf Hawaii eine adaptive Radiation erfahren. Von den 2000 Arten auf der Welt kommen 500 (also $^1/_4$) nur auf den Hawaii-Inseln vor.

DIE ADAPTIVE RADIATION DER BEUTELTIERE (MARSUPIALIA). Sowohl die Darwinfinken als auch die Kleidervögel bleiben trotz starker Differenzierung in Körper- und Schnabelform in ihrer Radiation immer noch in einem Bereich, den man systematisch als *Familie* (z. B. die der *Kleidervögel = Drepanididae*) bezeichnet. Eine adaptive Radiation weit größeren Ausmaßes zeigen uns die *Beuteltiere (Marsupialia)* in Australien. Die Beuteltiere stellen innerhalb der Säugergruppe nach den Kloakentieren (die noch Eier legen und als *Prototheria* bezeichnet werden) die nächst höhere Organisationsstufe dar. Im Gegensatz zu den höchstorganisierten *Placentalia*, die eine *Placenta* (Mutterkuchen) als Verbindung von Embryo und Mutter entwickeln und schon relativ weit ausgebildete Jungen zur Welt bringen, fehlt bei den meisten Beuteltieren eine Placenta. Sie bringen daher noch sehr wenig entwickelte Junge zur Welt (selbst die des menschengroßen Riesenkänguruhs sind bei der Geburt nur 14 mm groß), die erst im Brutbeutel ihre Embryonalentwicklung abschließen. In der Kreidezeit und im frühen Tertiär über weite Gebiete der Erde (auch in Europa) verbreitet, finden wir Beuteltiere heute nur noch in Südamerika und in Australien. Während die rezenten südamerikanischen Formen sämtlich *Beutelratten* (mit dem bekannten, in jüngster Zeit auch nach Nordamerika vorgedrungenen *Opossum*) sind, leben in Australien die verschiedensten Typen. Australien ist ein erdgeschichtlich alter Inselkontinent, der wohl von Beuteltieren, jedoch nicht von höheren Säugetieren *(Placentalia)* erreicht wurde, mit Ausnahme der flugfähigen Fledermäuse und einiger Nager.

Die Beuteltiere Australiens, Abb. Seite 95

Känguruhjunges, Abb. Seite 28

97

Die „Typen" der Beuteltiere
Australiens (Seite 95)
gleichen den Ordnungen
der Placentalia der übrigen
Kontinente (= Faunen-
analogie oder Stellen-
äquivalenz, Seite 64)

Die Beuteltiere hatten daher Australien für sich allein und waren ohne Konkurrenz der höheren Säuger. Sie haben daher dort die verschiedensten ökologischen Nischen gebildet. Wegen ähnlicher ökologischer Gegebenheiten sind diese natürlich vielfach recht ähnlich jenen ökologischen Nischen, welche die Placentalia auf den übrigen Kontinenten entwickelt haben. Das führte zu zahlreichen *Konvergenzen* zwischen bestimmten Marsupialiern und bestimmten Placentaliern, die sich vielfach in den deutschen Namen für die betreffenden Tiere ausdrücken. Da gibt es *Beutel-wölfe* und *Beutel-hörnchen, Beutel-maulwürfe* und *Beutel-dachse, Beutel-ratten* und *Koala-bären* – alles Beuteltiere, die ihren Namensvettern oft zum Verwechseln ähneln. Lediglich die Nische der grasfressenden Großtiere wurde von verschieden aussehenden Formen gebildet. Anstelle der Huftiere unter den Placentaliern haben die Marsupialia hier die *Känguruhs* entwickelt. Daß auch für diese erstaunliche adaptive Radiation das Fehlen der Konkurrenz eine Rolle gespielt hat, zeigen folgende Fakten:

1. *Beutelfledermäuse* brachte die Evolution nicht hervor – denn es gibt echte Fledermäuse in Australien. Diese flugfähigen Säuger gehören zu den wenigen Placentalia, die Australien erreichen konnten.

Fossile Raubbeutler in
Südamerika, Abb. Seite 107

2. In Südamerika, wo es Placentalia in reicher Entfaltung gibt (echte Nager, echte Raubtiere usw.), leben heute nur „*Beutelratten*". Im frühen Tertiär in Südamerika verbreitete Raubbeutlertypen z. B. sind ausgestorben und durch Raubtiere (Carnivora) aus der Gruppe der Katzen- und Hundeartigen „ersetzt" worden.

3. Durch den Menschen nach Australien eingeführte Placentalia haben stellenäquivalente Beutler verdrängt. So hat der *Dingo*, ein durch den Menschen früh eingeführter und verwilderter Haushund, den weitgehend stellenäquivalenten Beutelwolf nahezu zum Aussterben gebracht.

4. Die sich differenzierenden Placentalia haben außer in Südamerika und Australien die Beuteltiere zum Aussterben gebracht. Ihr Vorkommen in Südamerika und Australien kann als Reliktvorkommen betrachtet werden.

Die Eroberung des Landes durch die Wirbeltiere

Auch bei der Evolution der australischen Beuteltiere handelt es sich noch um relativ kleine Evolutionsschritte, wenn wir bedenken, daß die Evolutionstheorie auch die Entstehung neuer Stämme und Klassen, wie z.B. die Entwicklung der Vögel aus den Reptilien oder die der 4füßigen Landwirbeltiere *(Tetrapoden)* aus den Fischen, mit den bislang bekannten Evolutionsmechanismen zu erklären versucht. Einige grundsätzliche Ansätze in dieser Richtung wollen wir am Beispiel der Entstehung der Amphibien – als erste Vertreter der Tetrapoden – erörtern.

An der Basis der Wirbeltierentwicklung stehen die Fische, die mit einer Reihe von Eigenschaften, z.B. als Flossen entwickelte Extremitäten und Kiemenatmung, an ein Leben im Wasser angepaßt sind. Ein typischer Fisch hat, auf das Land gebracht, keine Chancen, dort zu überleben. Es müssen bestimmte Voraussetzungen erfüllt sein, wenn eine solche Erschließung eines neuen Lebensraums möglich werden soll. Diese Voraussetzungen müssen, wenn sie nach den bekannten Evolutionsmechanismen entstehen, in kleinen Schritten durch Mutation und Selektion schon im alten Lebensraum (in unsrem Beispiel noch im Wasser) entwickelt worden sein. Die Fischgruppe, von der aus sich die Eroberung des Landes vollzog, waren die *Quastenflosser (Crossopterygier).* Sie lebten in der trockenwarmen Devonzeit (vor 350 Millionen Jahren) in flachen, sich stark erwärmenden und daher sauerstoffarmen Süßgewässern, was aus den Funden der fossil erhaltenen Begleitfauna hervorgeht. Als Anpassungen an diese besonderen Biotope haben sie als zusätzliche Atmungsorgane Lungen entwickelt, mit denen sie durch Luftschnappen atmen konnten. Die besondere Gestaltung ihrer muskulösen Flossen ermöglichte ihnen, austrocknende Wohngewässer zu verlassen und in einem kurzen Landmarsch nahe Tümpel aufzusuchen. Ebenso verhalten sich heute die unter ähnlichen Bedingungen lebenden *Lungenfische (Dipnoi).* Diese Anpassungen der Crossopterygier an die spezielle Situation ihrer Biotope waren jedoch gleichzeitig geeignete Voraussetzungen *(Präadaptationen)* für eine Eroberung des Landes, die nachweislich von dieser ökologischen „Plattform" aus vollzogen wurde. Da es zu jener Zeit noch keine landbewohnenden Wirbeltiere gab, fanden sie an Land einen für sie konkurrenzfreien Lebensraum und konnten so dort „Fuß fassen". In der Tat zeigen die ersten fossil bekannten Tetrapoden, die *Ichthyostegalia,* im Bau des Schädels, der Extremitäten, der Zähne und in anderen Eigenschaften ihre enge Verwandtschaft zu den Crossopterygiern und stellen somit echte Bindeglieder zwischen Fischen und Amphibien dar. Mit der

Die Evolution neuer Klassen

Entstehung der Amphibien

Evolution der Wirbeltiere, Abb. Seite 100

Die Crossopterygier des Devon

Präadaptation

Ichthyostegalia, Abb. Seite 20

EVOLUTION DER WIRBELTIERE

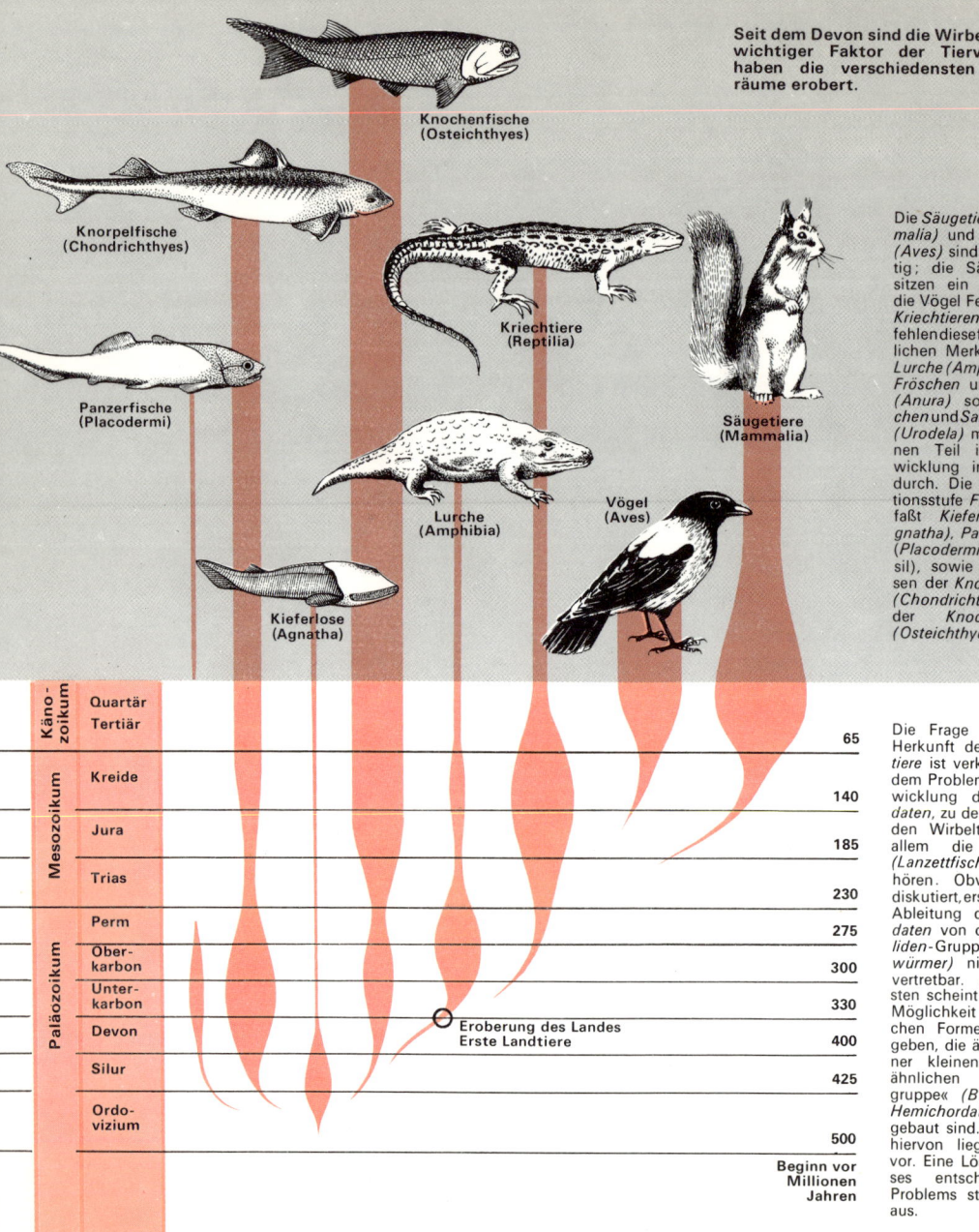

Seit dem Devon sind die Wirbeltiere ein wichtiger Faktor der Tierwelt. Sie haben die verschiedensten Lebensräume erobert.

Knochenfische
(Osteichthyes)

Knorpelfische
(Chondrichthyes)

Panzerfische
(Placodermi)

Kriechtiere
(Reptilia)

Säugetiere
(Mammalia)

Lurche
(Amphibia)

Vögel
(Aves)

Kieferlose
(Agnatha)

Die *Säugetiere (Mammalia)* und die *Vögel (Aves)* sind warmblütig; die Säuger besitzen ein Haarkleid, die Vögel Federn. Den *Kriechtieren (Reptilia)* fehlen diese fortschrittlichen Merkmale. Die *Lurche (Amphibia)* mit *Fröschen* und *Kröten (Anura)* sowie *Molchen* und *Salamandern (Urodela)* machen einen Teil ihrer Entwicklung im Wasser durch. Die Organisationsstufe *Fische* umfaßt *Kieferlose (Agnatha)*, *Panzerfische (Placodermi*, nur fossil), sowie die Klassen der *Knorpelfische (Chondrichthyes)* und der *Knochenfische (Osteichthyes)*.

Känozoikum	Quartär		
	Tertiär		65
Mesozoikum	Kreide		140
	Jura		185
	Trias		230
Paläozoikum	Perm		275
	Oberkarbon		300
	Unterkarbon		330
	Devon	◯ Eroberung des Landes Erste Landtiere	400
	Silur		425
	Ordovizium		500

Beginn vor
Millionen
Jahren

Die Frage nach der Herkunft der *Wirbeltiere* ist verknüpft mit dem Problem der Entwicklung der *Chordaten*, zu denen außer den Wirbeltieren vor allem die *Acrania (Lanzettfischchen)* gehören. Obwohl oft diskutiert, erscheint die Ableitung der *Chordaten* von der *Anneliden*-Gruppe *(Ringelwürmer)* nicht mehr vertretbar. Am ehesten scheint sich eine Möglichkeit bei solchen Formen zu ergeben, die ähnlich einer kleinen »wurmähnlichen« Strudlergruppe« *(Branchiata, Hemichordaten)* aufgebaut sind. Fossilien hiervon liegen nicht vor. Eine Lösung dieses entscheidenden Problems steht noch aus.

Die ersten Spuren der *Wirbeltiere* finden sich im Ordovizium. Das Silur zeigt nur wenige altertümliche Fische. Dies hängt wohl mit der Entwicklung der Fische im Süßwasser zusammen, während die meisten Sedimente des älteren Paläozoikums mariner Herkunft sind. Das Devon ist reich an Fischen *(Zeitalter der Fische)*. Am Ende des Devons erscheinen die ersten Landwirbeltiere *(Tetrapoden)*: die *Amphibien*. Sie sind reichlich im Karbon vertreten. Das Mesozoikum ist das *Zeitalter der Reptilien*. Sie beherrschen das Land, z. T. auch Luft und Wasser. Im Mesozoikum treten die ersten Vögel und Säuger auf, die sich dann im Känozoikum zu den vielfältigsten und progressivsten Formen der Wirbeltiere entwickeln und die Luft und das feste Land beherrschen.

Der »Stammbaum« (oben) deutet einen Zusammenhang zwischen den Wirbeltierklassen an. Zu der Auffassung, daß Vögel und Säugetiere sich von Reptilien, die Reptilien von Amphibien, die Amphibien von Fischen usw. »ableiten« lassen, hat die Paläontologie wichtige Beiträge geleistet. Wichtig sind dabei u. a. die sog. *Zwischenformen*. Solche *missing links*, seltene fossile Funde, sind z. B. *Ichthyostega* (nächste Bildseite), der zwischen Fischen und Amphibien vermittelnde *älteste Tetrapode*, oder der berühmte *Urvogel Archaeopteryx*, der Reptilienmerkmale (langer Schwanz, bezahnte Kiefer) und Vogelmerkmale (Federn u. a.) zeigt.

Eroberung des Landes jedoch hatten sich die bis dahin Wasser bewohnenden Wirbeltiere einen neuen, die Bildung zahlreicher, bislang ungenutzter Nischen zulassenden Lebensraum erschlossen. Folge davon war eine *adaptive Radiation* ungeheuren Ausmaßes, die zur Entwicklung all der verschiedenen Landwirbeltiere führte. Während die Amphibien dem Wasser aufgrund ihres geringen Verdunstungsschutzes und der dort ablaufenden Larvalentwicklung noch verhaftet bleiben, haben sich die Reptilien weit besser dem Landleben angepaßt. Die wichtigsten „Neuerwerbungen" der Reptilien und *Schlüsselmerkmale* zur weiteren Eroberung des Landes waren dabei ihre mit Hornschuppen bedeckte, nahezu drüsenlose Haut, die weit widerstandsfähiger gegenüber der Gefahr des Austrocknens ist, und die Ausbildung des sogenannten *Amnioteneies,* eines mit einer festen Eischale bedeckten Eies, in dem der Embryo eine Hautfalte *(Amnion)* als flüssigkeitsgefüllte Fruchtblase entwickelt, worin er wie in einem Aquarium seine Entwicklung durchläuft. Dadurch konnten Reptilien (im Gegensatz zu den Amphibien) in allen Entwicklungsstadien auf dem Lande leben. Sie waren für lange Zeiten der Erdgeschichte (im Mesozoikum) die beherrschende Gruppe der Landwirbeltiere, weshalb man von einem *Zeitalter der Reptilien* spricht. In zahlreichen Gruppen haben sie das Land besiedelt, dabei Pflanzenfresser, Räuber und z.T. riesige Formen *(Riesensaurier)* entwickelt. Es gab *Ichthyosaurier* in den Meeren und *Flugsaurier (Pterosaurier),* die sich den Luftraum erobert hatten – eine adaptive Radiation großen Ausmaßes. Mit der Evolution warmblütiger Formen, die sich als Vögel und Säugetiere nachweislich (fossiles Material) aus bestimmten Reptiliengruppen unabhängig voneinander entwickelt haben, sind schließlich durch ihre konstante Körpertemperatur und, im Falle der Säuger, das Lebendgebären von den Umweltbedingungen noch unabhängigere Formen entstanden, die sich ihren Reptilienahnen als konkurrenzüberlegen zeigten und ihnen ihre Nischen streitig machten. Die Ichthyosaurier sind von den Walen, die Flugsaurier von den Vögeln „abgelöst" worden. Was von den Reptilien „übrigblieb", ist, gemessen an der einstigen Mannigfaltigkeit, nur noch ein kümmerlicher Rest.
In ähnlicher Weise vollzog sich auch *die Eroberung des Landes durch die Pflanzenwelt,* auch hier haben jeweils immer besser an das Landleben angepaßte Typen von *Sproßpflanzen (Kormophyten)* im Laufe der Erdgeschichte einander abge-

Das Land als ökologische Großzone, Seite 92

Evolution der Landwirbeltiere

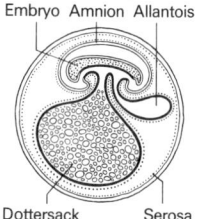

Amniotenei (z. B. Reptil). Der Embryo von Amnion umhüllt. Die Allantois fungiert als Harnblase und Atmungsorgan.

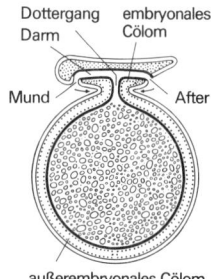

Bei den Fischen dagegen liegt der Embryo frei auf dem Dotter. Amnion, Serosa und Allantois fehlen noch.

Der Restbestand an Reptilien, Seite 105

Die Kormophyten als Landpflanzen

Sporen

Farn; Entwicklungsablauf
beim Wurm-F.: **1** Spore,
2 Vorkeim mit **a** männlichen
und **b** weiblichen Organen,
3 Vorkeim mit junger Farn-
pflanze, **4** F. mit Sporen,
5 Sporenkapsel

löst. Die ersten Landpflanzen aus diesen Gruppen waren die *Nacktfarne (Psilophyten)* des späten Silur, die Bewohner nasser bis feuchter Standorte waren. Im Karbon herrschten die Farnpflanzen mit den *Bärlappen (Lycophytina), Schachtelhalmen (Sphenophytina)* und den *Farnen im engeren Sinne (Pterophytina)*. Diese Pflanzen bauten u. a. den „Steinkohlenwald" des Karbons auf, der z. T. jedoch ebenfalls auf sumpfige bis moorige Standorte beschränkt war. Die typischen Farnpflanzen vermehren sich durch Sporen, aus denen sich ein Geschlechtszellen ausbildender Vorkeim entwickelt, wobei die männlichen begeißelten Geschlechtszellen (Spermatozoiden) aktiv schwimmend zur Eizelle gelangen, um sie zu befruchten. Schon aus diesem Grunde sind die *Pteridophyten* auf feuchte Standorte angewiesen. Ein wesentlicher, der Entwicklung der Amnioteneier vergleichbarer Evolutionsschritt war daher die Ausbildung von Samen, wie sie bereits von den *Samenfarnen (Pteridospermen)* des Karbons bekannt ist, und später die Pollenschlauchbefruchtung. Damit beginnt die Evolution der nun vom Wasser in weit höherem Maße unabhängigen *Samenpflanzen (Spermatophyta)*, wobei im Mesozoikum zunächst die *Nacktsamer (Gymnospermen,* zu denen rezent die *Nadelbäume = Coniferen* gehören) die Erde beherrschten, dann aber den *Bedecktsamern (Angiospermen)* das Feld räumen mußten, bei denen nun der Samen von den Fruchtblättern umhüllt in einer Frucht geschützt ruht. Heute sind die *Angiospermen* mit annähernd 250 000 Arten die beherrschende Kormophytengruppe, während die *Gymnospermen* rezent nur noch mit ca. 600–700 Arten vertreten sind.

Dauergattungen oder „lebende Fossilien"

Änderung des Umweltbezugs der Organismen, sei es durch Veränderung der Umweltbedingungen selbst (z. B. Versteppung, Entwicklung der Pflanzenwelt als Nahrungsgrundlage für manche Tiere oder das Auftreten neuer Konkurrenten) oder durch die Erschließung neuer Lebensräume durch die Organismen (z. B. Eroberung des Landes), bringt neue Selektionsbedingungen ins Spiel und hält die Evolution in Gang. Umgekehrt müßte bei Formen, die in Lebensräumen leben, die über Jahrmillionen der Erdgeschichte konstant geblieben sind und bestimmten Arten das Beibehalten ihrer spezifischen ökologischen Nische gestatteten, die Evolution gewissermaßen zum Erliegen kommen. Die stabilisierende Selektion müßte unter solchen konstanten Bedingungen die Eigenschaften bestimmter Gruppen nach dem Erreichen eines gewissen Adaptationsoptimums auf diesem festhalten und weitere Transformationen ausschließen.

Stabilisierende Selektion, Seite 50; Abb. Seite 48

In der Tat kennen wir eine Reihe von Organismen aus dem Tier- und Pflanzenreich, die bekannten Fossilformen aus weit zurückliegenden erdgeschichtlichen Perioden so weitgehend gleichen, daß man die rezenten Formen mit *Darwin* als *lebende Fossilien* oder *Dauergattungen* bezeichnen kann. In der Regel nehmen solche „lebenden Fossilien" daher auch eine isolierte Stellung im natürlichen System der Organismen ein, da ihnen verwandte Gruppen sich inzwischen weiter differenziert haben oder aber ausgestorben sind, so daß die Vertreter der Dauergattungen wahre Überbleibsel aus der Vorzeit sind. Häufig haben sie auch eine nur noch beschränkte geographische Verbreitung, die zu ihrem Reliktcharakter paßt. Viele von ihnen stammen aus der Tiefsee, alten Urwaldgebieten oder finden sich auf Inseln – leben also in Räumen, die z. T. über viele Millionen Jahre relativ konstant oder (und) Konkurrenten verschlossen geblieben sind.

Isolierte Stellung im System

Relikte

Beispiele für lebende pflanzliche Fossilien

Ginkgobaum (Ginkgo biloba) (Abb. rechts)

Rezent: Wildwachsend nur in einigen Provinzen Chinas. Kultiviert in China in der Nähe von Tempeln als »heiliger Baum«. In Europa vor über 200 Jahren eingeführt und in Parks verbreitet. Einzige lebende Art einer eigenen Klasse *(Ginkgoinae)* der Nacktsamer *(Gymnospermen)*. Männliche Geschlechtszellen noch mit 2 spiralen Geißelbändern versehen und aktiv beweglich. Dadurch an die ebenfalls urtümlichen *Palmfarne* (Gattung *Cycas*) erinnernd.
Fossil: Sehr ähnliche Gattung *Ginkgoites* bereits an der Grenze Trias – Jura (vor ca. 175 Millionen Jahren). Im Erdmittelalter waren die Ginkgogewächse noch weltweit verbreitet.

Araucaria (z. B. die »Zimmertanne« *Araucaria excelsa*)

Rezent: Auf die Südkontinente beschränkt.
Fossil: Bereits seit Jura (vor ca. 150 Millionen Jahren), damals auch auf der Nordhemisphäre. Araucarien sind also die ältesten noch lebenden Nadelhölzer.

Mammutbäume (Gattung *Sequoia* und *Metasequoia*)

Rezent: Seequoia sempervirens auf Kalifornien und Oregon (USA) beschränkt. *Metasequoia glyptostroboides* (Urweltmammutbaum) auf einige Provinzen Chinas beschränkt.
Fossil: Seit Grenze Jura – Kreide (vor 130–150 Millionen Jahren). Vor allem im Tertiär waren »Mammutbäume« weit verbreitet. Ihre Reste finden sich nicht selten auch in der europäischen Braunkohle.

Ginkgo biloba

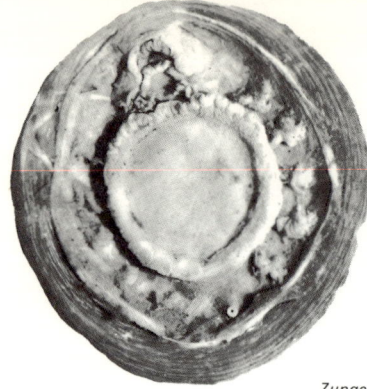

Beispiele für lebende tierische Fossilien

Urschnecke (Neopilina)

Rezent: Erst 1951/52 entdeckt. Vorkommen: Tiefsee (unter 3500 m), Pazifik.
Fossil: Ähnliche Formen der Gattung Pilina bereits im Silur (vor 450 Millionen Jahren).
Die Gattung Neopilina stellt heute die einzigen Vertreter einer eigenen Klasse (wie die Schnecken, Tintenfische u. a.), *Monoplacophora,* innerhalb der Mollusken.

Zungenmuschel (Lingula anatina)
(und wenige verwandte Arten)

Rezent: Wenige, ausschließlich sessil lebende marine Arten; im Niedrigwasser (bis ca. 30 m Tiefe).
Nahe verwandt die Gattung *Crania* in Tiefen von 40–500 m.
Fossil: Schalen der Gattungen *Lingula* und auch *Crania* sind seit dem frühen Silur (vor etwa 450 Millionen Jahren) bekannt. Lingula und Crania sind keine Muscheln, sondern Vertreter einer eigenen Tierklasse, der *Armfüßer (Brachiopoden).* Diese waren einst reich entwickelt (man kennt fossil über 10000 Arten), sind heute jedoch nur noch schwach (rezent ca. 280 Arten) vertreten.

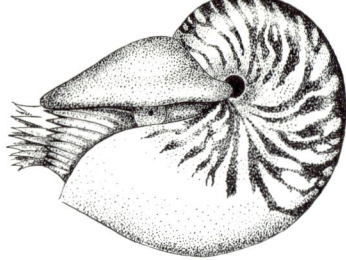
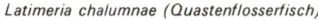

Perlboot (Nautilus)

Rezent: Nur 6 Arten – auf den südwestlichen Pazifik beschränkt. Einzige rezente Kopffüßer mit noch umfangreicher Schale (ähnlich den ausgestorbenen Ammoniten). Bilden eine eigene Unterklasse *(Tetrabranchiaten)* der heutigen Tintenfische.
Fossil: Bis in die Jurazeit; mit etwas primitiveren Formen bis ins Perm zurückreichend (also 150–200 Millionen Jahre).

Latimeria chalumnae (Quastenflosserfisch)

Rezent: Erst 1938 entdeckt. Inzwischen mehrere Exemplare. Nur in den Gewässern um die Komoren in 150–800 m Meerestiefe. Einziger lebender Vertreter der urtümlichen Fischgruppe der *Quastenflosser (Crossopterygier),* aus deren einen Untergruppe *(Rhipidistia)* im Devon die Tetrapoden hervorgegangen sind.
Fossil: Entsprechende Formen seit der Triaszeit bekannt (vor 180–200 Millionen Jahren). Die Crossopterygier galten ab der Kreidezeit (vor ca. 80 Millionen Jahren) als ausgestorben, da man in jüngeren Schichten keine Fossilien mehr fand.

Pfeilschwanzkrebse oder Schwertschwänze (Xiphosura)

Rezent: Drei, jeweils auf bestimmte Meeresgebiete beschränkte Gattungen, z. B. *Limulus.*
Fossil: In der heutigen Ausbildungsform seit der Jurazeit (vor 175 Millionen Jahren) bekannt *(Mesolimulus).* Die *Xiphosura* bilden eine eigene Klasse der *Spinnentiere (Chelicerata),* ebenso wie die heute reich entwickelten Skorpione und Spinnen.

Brückenechse (Sphenodon punctatus)

Rezent: Nur diese eine Art. In der Verbreitung beschränkt auf einige kleine Inseln vor Neuseeland. Heute einziger Vertreter einer eigenen, urtümlichen Reptiliengruppe (Ordnung *Rhynchocephalen).*
Fossil: Ähnliche Form (Gattung *Homöosaurus)* bereits aus der Jurazeit bekannt (vor ca. 170 Millionen Jahren). Im Erdmittelalter waren *Rhynchocephalen* reich differenziert und weit verbreitet.

Das Aussterben

Im Laufe der Evolution der Organismen sind viele Arten, ja auch höhere systematische Einheiten, wie z. B. die *Ostracodermi*, noch *kieferlose Panzerfische* des Silurs, die *Trilobiten*, gepanzerte *Arthropoden* des Paläozoikums, oder die *Ichthyosauria*, ausgestorben.

Ostracodermi waren kieferlose Wirbeltiere (Agnatha), Abb. Seite 100

Manche heute lebenden Arten sind nur noch kärgliche Überreste einer einstigen Mannigfaltigkeit. Von 34 bekannten Ordnungen der Reptilien sind heute nur noch 4 vertreten, selbst von den Gattungen der Säugetiere kennt man etwa doppelt so viele, wie heute leben, nur fossil. Bei den *Tintenfischen (Cephalopoden)* stehen ca. 730 rezenten Arten ca. 10 000 fossile gegenüber, u. a. viele Ammonitenarten.

Die Ursachen für das Aussterben von Arten lassen sich nur in den seltensten Fällen erschließen. Sicher ist, daß dafür verschiedene Ursachen in Frage kommen. Die häufigste Form des Aussterbens begegnet uns im Rahmen der historischen Artumwandlung bei sukzessiver Artbildung. Hier wird jeweils die *Stammart* von der transformierten *Folgeart* ersetzt und stirbt auf diese Weise als Art aus, wenngleich sie in ihren Nachfahren weiterlebt. Während wir hier besser von *Artenschwund* sprechen, liegt typisches Aussterben *(Artentod)* vor, wenn Arten erlöschen, ohne Nachfahren zu hinterlassen. Als wesentliche Ursache dafür kommen vor allem *Änderungen in den Umweltbedingungen* in Betracht. So können klimatische Veränderungen (z. B. während der Eiszeit) und der damit verbundene Wandel auch in der Vegetation manche Arten zum Aussterben gebracht haben. Das Aussterben vieler Saurier zu Ende der Kreidezeit wird von manchen Forschern z. B. mit dem Auftreten größerer Temperaturschwankungen in Zusammenhang gebracht, die für wechselwarme Tiere, wie die Reptilien, besondere Auswirkungen hatten. Inwieweit Krankheiten und Seuchen zum Aussterben von Arten führen können, ist schwer zu belegen. Fest steht jedoch, daß aus anderen Gebieten, deren Bewohner gegen bestimmte Erreger resistent sein können, eingeschleppte Krankheiten unter Umständen verheerende Folgen haben können. So ist die in Südamerika heimische *Myxomatose* dort und in Kalifornien eine harmlose *Kaninchenkrankheit*, während die europäischen Kaninchen daran in Massen sterben. Auch die durch den *Algenpilz Aphanomyces astaci* hervorgerufene *Krebspest* hat in einigen Gebieten Europas zum Aussterben des *Fluß-*

Historische Artumwandlung, Seite 71

Artenschwund und Artentod

Änderungen der Umweltbedingungen

Krankheiten und Seuchen

Myxomatose ist eine Viruskrankheit von Kaninchen

krebses *(Astacus astacus)* geführt, der in vielen Gewässern heute durch den von Amerika eingeführten *Cambarus affinis* ersetzt wurde, der gegen diese Seuche immun ist.

Konkurrenten

Eine große Rolle für das Aussterben von Arten hat schließlich das Auftreten konkurrenzüberlegener Formen gespielt. Beispiele dafür liefern auf Inseln eingeschleppte Arten, die vielfach alteingesessene Formen verdrängen und zum Aussterben bringen. Überall, wo der *Dingo* nach seiner Einschleppung in Australien seßhaft wurde, ist der *Beutelwolf* verschwunden. Die *echten Affen (Simiae)* haben mit ihrer Entwicklung vom Eozän ab die bis dahin weitverbreiteten *Halbaffen (Prosimiae)* in weiten Teilen ihres Verbreitungsgebiets zum Aussterben gebracht, nur auf Madagaskar, das von den *Simiae* nie erreicht wurde, haben sich Halbaffen in größerer Formenfülle erhalten. In Afrika und Asien treten Halbaffen vor

Tag- und Nachtnische, Seite 65

allem als *nachtaktive* Formen auf und entgehen dadurch der Konkurrenz der vor allem *tagaktiven* höheren Affen.

In *Südamerika*, das über die gesamte Tertiärzeit (rund 70 Millionen Jahre) ein völlig isolierter Inselkontinent war (die Mittelamerikanische Landbrücke existierte nicht), entwickelte sich eine eigene Säugetierfauna, die vor allem durch pri-

Primitive Säugerfauna Südamerikas

mitive *Urhuftiere (Protungulaten), Beuteltiere* (darunter auch *Raubbeutler*) und *Zahnarme (Edentaten,* wie *Gürteltiere, Faultiere* und *Ameisenbären)* charakterisiert war. Als sich im ausgehenden Tertiär die Mittelamerikanische Landbrücke aufbaute, strömten aus Nordamerika konkurrenzüberlegene Säugetiere nach Südamerika und brachten viele der dort endemischen Formen zum Erliegen. So starb die ganze reiche Gruppe der Urhuftiere restlos aus; von den Beutlern überlebten nur die Beutelratten (mit dem Opossum) und von den fossil mit 120 Gattungen bekannten Edentaten blieben nur 13 als kümmerlicher Rest erhalten.

Hypertelien in Exzessivbildungen

Vielfach sind auch scheinbar *zweckwidrige (hypertelische) Bildungen* für das Aussterben bestimmter Arten verantwortlich gemacht worden. So sollte das im Laufe der Evolution immer größer gewordene Riesengeweih des *Riesenhirsches (Megaloceros giganteus)* zu dessen Aussterben geführt haben, und ebenso sollten die „unsinnig" großen oberen Eckzähne des *Säbeltigers (Smilodon)* schließlich dessen Erlöschen bedingt haben. Es spricht jedoch nichts dafür, daß Organe sich entgegen einem Selektionsdruck entwickeln können. Wahrscheinlicher ist, daß auch diesen hypertrophiert erscheinenden Bildungen im Leben dieser Tiere eine Funktion zukam.

Für den *Säbeltiger* ist dies insofern höchst wahrscheinlich, als erstens Arten mit solchen Zähnen über fast 40 Millionen Jahre des Tertiärs nachweisbar sind und weiterhin mit dem Säbeltiger nicht näher verwandte Formen, so u. a. ein Raubbeutler *(Thylacosmilus)* und eine Raubkatze *(Dinictis)*, in konvergenter Weise ähnliche *Säbelzähne* entwickelt haben.

Säbeltiger

Smilodon   Thylacosmilus

Dinictis

Exzessivbildungen

Eine starke exzessive Entwicklung des oberen Eckzahns ist mehrfach in der Evolution der Säugetiere unabhängig erfolgt, nämlich bei *Thylacosmilus*, einem Raubbeuteltier aus dem Miozän Südamerikas, bei *Dinictis*, einer Säbelkatze aus dem Miozän und Pliozän, und bei *Smilodon*, dem *Säbeltiger* mit seinen riesigen Eckzähnen; er ist erst in der Eiszeit ausgestorben. Man beachte bei *Thylacosmilus* und *Dinictis* die konvergente Entwicklung eines Unterkieferfortsatzes als Schutz für den »Säbelzahn«.
Der *Riesenhirsch Megaloceros giganteus* (rechts) lebte während der Eiszeit in Europa und starb im Spätglazial aus. Das exzessive Geweih hatte eine Spannweite von über 3,50 m. Zahlreiche Skelette dieser Art haben sich in irischen Mooren erhalten.

Das Geweih des Riesenhirsches könnte als Auslöser im Zusammenhang mit der *Überoptimierbarkeit* von Auslösern entwickelt worden sein. Auch darf nicht vergessen werden, daß der Riesenhirsch auch im Hinblick auf die Körpergröße der größte aller bekannten Hirschartigen ist.

Riesenhirsch, vgl. sexuelle Zuchtwahl, Seite 52

Die Irreversibilität

Das Evolutionsgeschehen hängt von dem Zusammenwirken zahlreicher Faktoren ab, die ihrerseits wieder höchst komplex sein können (man denke nur an die riesige Zahl der einen Genotypus aufbauenden Gene). Die für einen bestimmten Evolutionsschritt jeweils spezifische Kombination der Faktoren stellt wegen deren großen Zahl ein echtes *historisches Ereignis*

Leben auf anderen Planeten

Dollosches Gesetz (benannt nach dem belgischen Paläontologen L. Dollo)

Rekapitulation, Abb. Seite 29

Rückmutationen, Seite 36
Atavismus, Seite 28

dar, das sich in dieser speziellen Form nach den Gesetzen der Wahrscheinlichkeit nicht wiederholen wird. Die Frage, ob unter ähnlichen Bedingungen, etwa auf anderen Planeten, die gleichen Formen entstehen könnten, ist daher sicher zu verneinen. Ähnliche Selektionsbedingungen werden zwar ähnliche Adaptationen hervorrufen und damit zu Konvergenzen führen, wie wir sie in so großer Zahl auch bei den rezenten Lebewesen finden – wirklich Identisches wird dabei jedoch nicht entstehen. Selbst auf unserer Erde hat sich die Evolution als historisches und folglich auch irreversibles Geschehen nachweisen lassen (*Irreversibilität der Evolution* oder *Dollosches Gesetz*). Als, um nur ein Beispiel anzuführen, bestimmte Säugergruppen vom Land- wieder zum Wasserleben übergingen und so zu den Walen wurden, haben sie nicht wieder Kiemen entwickelt (die ihre Fischahnen besaßen und deren Anlage sie sogar in ihrer Ontogenie „rekapitulieren"), sondern sind der Luftatmung verhaftet geblieben.

Die Irreversibilität gilt freilich nur für komplexere Evolutionsschritte. In kleineren Dimensionen kann die Evolution durchaus „reversibel" sein. Von der Möglichkeit einzelner „*Rückmutationen*" und vom *Atavismus* war schon die Rede, beides Phänomene, die eine „Rückentwicklung" darstellen, jedoch in der Phylogenese ohne Bedeutung waren. Hier hat es, soweit wir wissen, niemals eine „Rückentwicklung" zu früheren Formen gegeben.

Jede Tierart ist demnach eine historisch gewordene Einmaligkeit, die es mit ihren spezifischen Eigenschaften nie vorher gegeben hat und nie wieder geben wird. Jede Tierart, die der Mensch, z. T. leichtfertig, ausrottet, ist daher auch unwiederbringlich verloren.

Die kulturelle Evolution und die Sonderstellung des Menschen

Auch der *Mensch* ist ein Produkt der natürlichen Evolution und seine phylogenetische Entwicklung aus der Gruppe der *Menschenaffen* ist durch Fossilmaterial gut belegt. Unter den rezenten Menschenaffen sind *Schimpanse* und *Gorilla* seine nächsten Verwandten, mit denen er durch zahlreiche Homologien verbunden ist, die Erbgut gemeinsamer Ahnen darstellen, welche im Tertiär gelebt haben. In der natürlichen Evolution des Menschen waren dieselben Evolutionsfaktoren am Werk, die auch die Evolution des Pflanzen- und Tierreiches

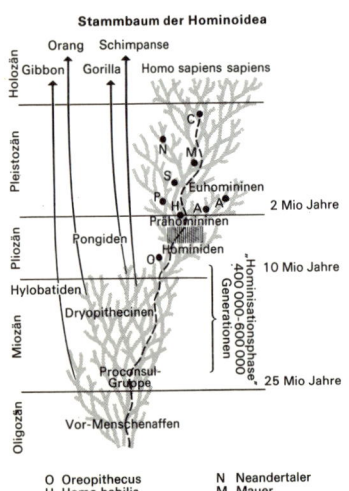

Stammbaum der Hominoidea

O Oreopithecus
H Homo habilis
A Australopithecus
P Pithecanthropus
S Sinanthropus

N Neandertaler
M Mauer
C Cro Magnon
„Tier-Mensch-Übergangsfeld"

– – – Weg zu Homo sapiens

Phylogenetik: eine Stammbaumrekonstruktion der engeren Vorfahrenreihe des Menschen bewirkt haben. Entscheidende evolutionsbiologische Schritte auf dem Weg von den höheren Primaten zum Menschen waren dabei: der Übergang von der *arboricolen* (Baum bewohnenden) Lebensweise zum Steppenleben, die verbunden war mit dem aufrechten Gang, der ein rasches Laufen auf den Hinterextremitäten bei gleichzeitigem Sichern mit erhobenem Haupt ermöglichte (auch andere Steppenbewohner, wie u.a. Hase und Ziesel verschaffen sich durch *Männchenmachen* einen Überblick). Das Aufrechtgehen hat die Vorderextremität von der Funktion der Fortbewegung befreit und dabei die Hand, schon bei den Affen zum Greifen eingesetzt, frei gemacht – ein Evolutionsschritt, der den Menschen im wahrsten Sinne des Wortes „handlungsfähig" machte. Dies gab ihm die Möglichkeit zum Werkzeuggebrauch (ein Ast, ein Stein) und später zur Herstellung von Werkzeugen, eine Fähigkeit, die bereits den zu Beginn des Eiszeitalters (vor ca. 1,5–2 Millionen Jahren) lebenden *Urmenschen,* den *Australopithecinen,* zukam. Damit begann die Entwicklung der Technik, in der nun Werkzeuge an die Stelle von Organen treten und so die „technischen Möglichkeiten" des Menschen immer vielseitiger werden konnten. Schließlich waren die Urmenschen auf ein Leben in gemeinsamen Jagdverbänden angewiesen, also *soziale* Lebewesen. Dies hat die Ausbildung eines hochentwickelten *Kommunikationssystems* begünstigt, die beim Menschen zu der nur ihm eigenen *Symbolsprache* geführt hat, die nicht angeboren ist (wohl aber in ihrer Lautgebung angeborene Komponenten enthält; Lallen des Säuglings), sondern (wie übrigens auch der aufrechte Gang) gelernt werden muß. Mit Werkzeugherstellung, hochentwickeltem Lernvermögen und Entwicklung einer Sprache hat der Mensch die Voraussetzung für eine Kultur erreicht, die nun ihre *eigene* Evolution durchläuft und dazu geführt hat, den Menschen zum erfolgreichsten „Säugetier" auf unserer Erde werden zu lassen. Er vermag im tropischen Regenwald ebenso zu leben wie in der Wüste und im ewigen Eis der arktischen Region. Seine Technik erschließt ihm dabei ökologische Nischen, die ihm seiner körperlichen Organisation nach verschlossen wären, und macht ihn daher zum fürchterlichen Konkurrenten für viele Tiere. Nur er vermag seine Umwelt im großen Umfang in für ihn günstiger Weise umzugestalten, was vielfach zum Aussterben von Tier- und Pflanzenarten geführt hat. Der Mensch ist somit ein historisches Wesen par excellence, das neben einer biologischen auch eine *kulturelle*

Arboricole Lebensweise

Aufrechter Gang

Greifhand

Werkzeuggebrauch

Australopithecinae

Technik

Sozialverband

Kultur

Manipulation der Umwelt

Evolution durchgemacht hat. Diese zeigt zwar einige auf Analogien beruhende Parallelen zur biologischen (natürlichen) Evolution, unterscheidet sich jedoch in wesentlichen Punkten von ihr. Ein Vergleich in einigen wesentlichen Punkten mag dies abschließend verdeutlichen:

Biologische und kulturelle Evolution im Vergleich

1. Die biologische Evolution kennt keine Vererbung erworbener Eigenschaften; neue günstige Mutationen und Genkombinationen müssen sich selektiv gesteuert durch Vererbung langsam in der Population durchsetzen, da sie nur an die eigenen Nachkommen weitergegeben werden können. Die kulturelle Evolution besteht ausschließlich aus der Übertragung erworbener Eigenschaften. Durch die Sprache, später die Schrift und moderne Kommunikationsmittel, können Erfindungen eines Einzelnen rasch zum Allgemeinbesitz von weiten Teilen der Menschheit werden. Die kulturelle Evolution vollzieht sich daher sehr viel schneller, und daran liegt es, daß wir heute nebeneinander Naturvölker kennen, die noch auf dem Niveau der Steinzeit stehen – und eine hochentwickelte Technik, die eine Weltraumfahrt ermöglicht.

Steinzeitmenschen und Mondfahrt

2. In der biologischen Evolution kommt es zu einer Adaptation der Eigenschaften an die Gegebenheiten der Umwelt. In der kulturellen Evolution paßt der Mensch die Umwelt seinen Eigenschaften (Bedürfnissen) an.

3. In der biologischen Evolution kommt es zu einer unterschiedlichen Nutzung der Umwelt durch adaptive Radiation und Bildung verschiedener Arten mit jeweils eigenen ökologischen Nischen. In der kulturellen Evolution findet die Einnischung (in „Berufe") durch Differenzierung der „Werkzeuge" statt, ohne Artbildung. Es gibt trotz der zahlreichen ökologischen Nischen, die der Mensch zu bilden vermag, nur eine Art *Homo sapiens*.

Opportunismus, Seite 46

4. Die biologische Evolution arbeitet opportunistisch nur mit dem Erfolg. Sie kann am Mißerfolg nicht „lernen". Dieselben ungünstigen Mutationen und Genkombinationen können immer wieder auftreten, und immer wieder haben sich in der Evolution Arten und Gruppen in einer Weise spezialisiert, die bei Änderungen der Umweltbedingungen zum Aussterben führte.
Die kulturelle Evolution führt auch zu Spezialisierungen, der Mensch als biologisches Wesen bleibt dabei jedoch „unspezialisiert", er kann auch aus seinen Fehlern lernen und kann diese in Zukunft vermeiden.

Das weitere Schicksal der Art *Homo sapiens,* die sich durch ihre kulturelle Evolution eine einzigartige „ökologische Zone" erschlossen hat, dabei aber heute mehr und mehr vor schwierigen Problemen steht, und deren Zukunft nahezu ausschließlich von dieser kulturellen Evolution bestimmt sein wird, wird in erheblichem Maße davon abhängen, inwieweit wir die Chance nutzen, Mißerfolge erkennen und aus ihnen lernen zu können.

Literaturhinweise

A. Populäre Literatur:

Barnett, L.: Die Wunder des Lebens. Droemer-Knaur, München 1962, 216 S.

Erben, H. K.: Die Entwicklung der Lebewesen. Piper, München 1976, 518 S.

Hemleben, J.: Charles Darwin in Selbstzeugnissen und Bilddokumenten. Rowohlt, Reinbek bei Hamburg 1968, 183 S.

Hölder, H.: Naturgeschichte des Lebens von seinen Anfängen bis zum Menschen. Springer, Heidelberg 1968, 136 S.

Dobzhansky, Th.: Die Entwicklung zum Menschen. Evolution, Abstammung und Vererbung. Ein Abriß. Parey, Hamburg 1958, 406 S.

Lorenz, K.: Darwin hat recht gesehen. opuscula 20. G. Neske, Pfullingen 1965, 74 S.

Querner, H., H. Hölder, A. Egelhaaf, J. Jacobs und G. Heberer: Vom Ursprung der Arten. Neue Erkenntnisse und Perspektiven der Abstammungslehre. rororo tele, Rowohlt 1969, 154 S.

Simpson, G. G.: Auf den Spuren des Lebens; die Bedeutung der Evolution. Colloquium Verlag, Berlin 1957, 224 S.

Thenius, E.: Versteinerte Urkunden. Die Paläontologie als Wissenschaft vom Leben in der Vorzeit. Springer, Heidelberg 1963, 174 S.

B. Einführende, kurzgefaßte Lehrbücher:

Diehl, M.: Abstammungslehre. Quelle & Meyer, Heidelberg 1976, 176 S.

Dzwillo, M.: Prinzipien der Evolution. Teubner Taschenbücher, Stuttgart 1978, 152 S.

Kull, U.: Evolution. Studienreihe Biologie 3. J.B. Metzler, Stuttgart 1977, 304 S.

Remane, A., V. Storch und U. Welsch: Evolution. dtv, München 1973, 241 S.

Savage, J. M.: Evolution. Bayerischer Landwirtschaftsverlag, München 1966, 139 S.

Stebbins, G. L.: Evolutionsprozesse. G. Fischer, Stuttgart 1969, 187 S.

Wallace, B. und A. M. Srb: Leben und Überleben; die Anpassung der Organismen. Kosmos Studienbücher. Franckh, Stuttgart 1966, 113 S.

C. Weiterführende und vertiefende Literatur, mit Literaturverzeichnissen, die zu den Spezialarbeiten führen:

Darwin, Ch.: Die Entstehung der Arten durch natürliche Zuchtwahl. 6. Aufl. 1872. Reclam Jun., Stuttgart 1963, 693 S.

Dawkins, R.: Das egoistische Gen. Springer, Heidelberg 1978, 246 S.

Heberer, G. (Herausgeber): Die Evolution der Organismen. Ergebnisse und Probleme der Abstammungslehre. 3 Bände. 3. Aufl. ab 1967. G. Fischer, Stuttgart ab 1967.

Klopfer, P. H.: Ökologie und Verhalten. G. Fischer, Stuttgart 1968, 98 S.

Mac Arthur, R. H. und J. H. Connell: Biologie der Population. Bayerischer Landwirtschaftsverlag, München 1970, 200 S.

Mayr, E.: Artbegriff und Evolution. Parey, Hamburg 1967, 617 S.

Mayr, E.: Evolution und die Vielfalt des Lebens. Springer, Heidelberg 1979, 275 S.

Osche, G.: Grundzüge der allgemeinen Phylogenetik. Handbuch der Biologie, Band III/2. Akademische Verlagsgesellschaft, Frankfurt 1966, 90 S.

Remane, A.: Die Grundlagen des natürlichen Systems, der vergleichenden Anatomie und der Phylogenetik. Akademische Verlagsgesellschaft Geest und Portig, Leipzig 1952, 400 S.

Rensch, B.: Neuere Probleme der Abstammungslehre. Enke, Stuttgart 1954, 436 S.

Siewing, R. (Herausgeber): Evolution. UTB G. Fischer, Stuttgart 1978, 450 S.

Simpson, G. G.: Zeitmaße und Ablaufformen der Evolution. Musterschmidt, Göttingen, 331 S.

D. Zeitschriften, die besonders Fragen der Evolutionsforschung behandeln:

Zeitschrift für zoologische Systematik und Evolutionsforschung. Paul Parey, Hamburg und Berlin. Seit 1963 jährlich 1 Band.

Evolution. Englischsprachige Zeitschrift. Herausgegeben von der Society for the study of evolution. Lawrence, Kansas, USA. Seit 1947 jährlich 1 Band.

Zoologische Jahrbücher, Abteilung Systematik, Ökologie und Geographie der Tiere. Seit 1886 jährlich 1 Band.

Dobzhansky, Th., M. Hecht und W. Steere: Evolutionary Biology. Plenum Press N.Y. Seit 1967 jährlich 1 Band.

So beurteilt die Fachkritik die bisher erschienenen Bände

studio visuell

Dieter Heß · Genetik

Grundlagen – Erkenntnisse – Entwicklungen
der modernen Vererbungsforschung

„Der Band präsentiert sich wirklich prächtig, insbesondere ist die reichhaltige und didaktisch auffallend geschickte Illustration hervorzuheben. Dem Band darf ohne Einschränkung weite Verbreitung gewünscht werden."

Direktor Professor Dr. Oswald Hess,
Institut für Allgemeine Biologie, Universität Düsseldorf

Jürg Lamprecht · Verhalten

Grundlagen – Erkenntnisse – Entwicklungen
der Ethologie

„Der Autor bietet einen Gesamtüberblick über die Grundlagen, Erkenntnisse und Entwicklungen der Ethologie, so wie sie sich dem Forscher heute darstellen beziehungsweise erkennbar sind. Dabei spielt das Bild, näherhin die thematischen Bildtafeln, eine auffallende und, wie die Betrachtung zeigt, außergewöhnlich informative Rolle. Das Buch belehrt durch Anschauung der Wissenschaft."

Neue Zürcher Zeitung

Dieter Vogellehner · Paläontologie

Grundlagen – Erkenntnisse – Geschichte
der Organismen

„Anhand einer erstaunlichen Fülle instruktiver ein- und mehrfarbiger Illustrationen im Text, auf Bildspalten und auf 28 ganzseitigen thematischen Tafeln entwirft der sachkundige Autor einen Gesamtüberblick über die Paläontologie, der ebenso wissenschaftlich fundiert wie anschaulich ist."

Die Allgemeinbildende Höhere Schule, Wien

HERDER FREIBURG · BASEL · WIEN

Eine neue Lexikonreihe für
Studium und Praxis
auf dem neuesten Stand der Fachwissenschaften

Bessere Information in kürzester Zeit bieten die jetzt erscheinenden neuen und neuartigen Sachlexika aus dem Lexikon-Verlag Herder. Sie sind auf die Anforderungen aller jener zugeschnitten, die wissenschaftlich exakte und anschauliche Information auf dem neuesten Stand brauchen und keine wertvolle Arbeitszeit dafür verwenden wollen, diese Informationen erst mühevoll aus den verschiedensten Quellen zusammensuchen zu müssen: Insbesondere Lehrer, Studenten, Schüler und Leser naturwissenschaftlicher Zeitschriften.

Für die wissenschaftliche Qualität und die studiengerechte Auswahl der jeweils gebotenen rund 2500 Grundbegriffe erhält der Benutzer doppelte Garantie: Einmal steht hinter diesen Sachlexika die lexikographische Sorgfalt und Erfahrung der naturwissenschaftlichen Lexikonredaktion des Verlags Herder, zum anderen wird die fachliche Bearbeitung durch bestempfohlene Sachkenner vorgenommen.

Es liegen vor:

HERDER LEXIKON Biologie
HERDER LEXIKON Umwelt
HERDER LEXIKON Physik
HERDER LEXIKON Weltraumphysik
HERDER LEXIKON Mathematik
HERDER LEXIKON Chemie
HERDER LEXIKON Medizin
HERDER LEXIKON Geographie
HERDER LEXIKON Geologie und Mineralogie
HERDER LEXIKON Pflanzen
HERDER LEXIKON Tiere
HERDER LEXIKON Staaten der Erde

Jeder Band im Format 10,5 × 20 cm, ca. 240 Seiten mit ca. 400 Abbildungen und Tabellen in Randspalten. Flexibler Plastikeinband.

VERLAG HERDER FREIBURG · BASEL · WIEN